中国の海洋戦略に
どう対処すべきか

太田文雄・吉田 真 共著

芙蓉書房出版

はじめに

　中華人民共和国は建国以来、海洋への進出に意欲を燃やしており、それが顕著な形となって現れてくるのが1980年代前半です。1989年以降約20年間連続して防衛費は二桁の伸びを成し遂げ、そして特に北京オリンピック終了後から自信をつけて積極的に海洋進出を図っています。その一連の動きとして2010年9月に生起した尖閣諸島沖の海上保安庁巡視船と中国漁船との衝突事故がありました。2011年3月の東日本大震災に際しても「中国が釣魚島（尖閣諸島の中国名）を奪回するには、コストとリスクを最小限にしなくてはならず、今が中国にとって絶好のチャンスだ」との主張が香港紙・東方日報の19日の論評でなされ[*1]、我が国領空近くまで軍用機が接近、航空機は東シナ海で国際的に近接して良い限度を超えて海上自衛隊の護衛艦「あさゆき」に接近しました。こうした事件を機に、中国海洋進出の実態と、これに我が国はどのように向かい合ったら良いのかについて、国民的な議論がなされているところです。

　これまで我が国では中国軍に関する書物は多くありましたが、海軍（海上自衛隊）のプロが中国海軍に関して書いた書物はありませんでしたので、このほど上記のような要求に応えるべく、防衛大学校の国防論教育室長である吉田一等海佐と、元情報本部長であった太田元海将が共著で本書を書くことにしました。

　太田が第1章の軍事戦略と第2章の海洋戦略、そして第7章の海軍以外の海洋アセットと最終章の対策を、吉田が第3章の中国海軍の組織編成、第4章の人事・教育・訓練、第5章の装備、第6章の活動・作戦・ドクトリンを主として担当しました。

　本書は海軍（海上自衛隊）の現職とOBが中国海軍に関して記述したという特徴を持っていますが、二人とも中国語は堪能ではありません。従って、参考文献としたのは英文の、とりわけ中国の海軍研究に関しては定評のある米海軍大学中国海洋研究所の研修者達が最近出版した『太平洋に張

り出す赤い星(Red Star Over The Pacific)』や『中国の機雷戦(Chinese Mine Warfare)』、そして米国家戦略大学のコール元海軍大佐が書いた『海の万里の長城(Great Wall at Sea)』、米海軍情報部が出版した『中国の海軍2007』などです。

　孫子の兵法には「彼を知り、己を知れば百戦殆うからず」とあります。本書が我が国の防衛に携わる人達にとって御参考になれば幸いです。

　なお、両著者は防衛大学校に勤務しているものの、本書に述べられている見解は防衛省のものではなく、あくまでも個人的なものであることをお断りしておきます。

＊1　香港、時事、平成23年3月20日。

中国の海洋戦略にどう対処すべきか●目次

はじめに　*1*

第1章
軍事戦略　*7*

第1節　孫子の兵法　*7*
第2節　積極防御戦略　*10*
　情報化条件下における局地戦の勝利／防御戦略の実態
第3節　三　戦　*16*
　外交・心理戦
第4節　超限戦(Unrestricted Warfare)と瓦解戦(Disintegration Warfare)　*20*
　超限戦／瓦解戦／尖閣諸島に対する瓦解戦の適用例
第5節　日米同盟の分断　*25*

第2章
海洋戦略　*31*

第1節　国家海洋戦略　*31*
　海洋進出のパターン
第2節　海軍戦略　*35*
　歴史的経緯／海洋の戦略的国益／中国海軍の主任務
第3節　現代のマハニズムとその限界　*42*
第4節　A2/AD戦略　*44*
　海軍のA2/AD兵器／海軍以外のA2/AD兵器

第3章
中国海軍の組織編成　*55*

第1節　各軍種に対する中央の指揮組織　*56*
第2節　海軍の組織　*56*
　北海艦隊／東海艦隊／南海艦隊／党政治委員会制度と政治部行政組織／政治機関内の民衆工作と司法組織

第4章
中国海軍の人事、教育、訓練 65

第1節　人材確保の人事、教育施策　66
第2節　解放軍及び海軍の教育機関と士官教育　67
第3節　下士官の育成と徴兵　69
第4節　訓　練　70
　　　　シミュレーション訓練と訓練サイクル／遠洋訓練／軍事訓練評価大綱／統合訓練
第5節　思想・政治教育の強化　72

第5章
中国海軍の装備 77

空母の開発／駆逐艦・フリゲート艦・ミサイル艇／潜水艦／強力な対艦攻撃力をもつ航空戦力／揚陸艦／補給艦／音響測定・試験艦／病院船／掃海艇／装備兵装と作戦

第6章
中国海軍の活動、作戦、ドクトリン 95

第1節　新時代の積極防御について　95
　　　　指針的原則／新時代の「積極防御」の戦い方の特色
第2節　海軍の「積極防御」と活動域の拡大　99
　　　　近海積極防御における作戦の重点／海軍の活動域の拡大と発展
第3節　近（遠）海における積極的な防御　101
　　　　積極的な防御と海軍作戦／東アジアに関わる戦闘様相
第4節　海軍の最近の行動とねらい　104
　　　　水上艦艇の行動／潜水艦の活動／情報収集活動／機雷戦の目的と奇襲性

第7章
海軍以外の海洋アセット 113

第1節　中国の海洋関連機関　113
第2節　国家海洋局　114
　　　　中間線のダブル・スタンダード／海監総隊（海洋監視サービス）
第3節　海上民兵　119
第4節　海　巡（中国交通運輸部海事局）　121

第8章
対　策　*123*

- **第1節　自助努力**　*123*
  弾道・巡航ミサイル防衛の向上／対潜戦・対機雷戦能力の向上／サイバー攻撃対策／第5世代戦闘機の整備／情報力の活用／信頼醸成／中国に対する非対称戦／核抑止力
- **第2節　米国との共同**　*135*
  AirSea Battle への協力／集団的自衛権の行使に関する検討
- **第3節　日米同盟への影響**　*141*
  安保条約に基づく協力／安保条約に組み込まれた制約要因と相互協力／相乗効果追求による対日米分断（カウンター・アンカップリング）
- **第4節　その他の海洋国家・民主国家群との共同**　*148*
  オーストラリア／インド／韓　国／ASEAN／欧州ほか

おわりに　*161*

第1章

軍事戦略

第1節　孫子の兵法

　2001年に、太田は統幕学校長として、カウンターパートである中国国防大学を訪問し、軍事戦略教育における孫子の位置づけを問うたところ、先方の回答は中核的地位を占めているとのことでした。同じ時、太田は中国参謀本部の対外・インテリジェンス担当参謀長熊光楷陸軍中将と人民解放軍司令部で会談しましたが、会談の途中で太田が「孫子の兵法」の一節を口にすると、すかさず応じ、「孫子の兵法」を完全に諳んじていたことが印象的でした。

人民解放軍司令部での熊光楷陸軍中将との会談（2001年6月）

その後の2006年に、中国人民解放軍は軍事科学院の専門家が編纂した『孫子兵法軍官読本』を訓練教材として正式に採用しており、これまで将校クラスが研究していた「孫子の兵法」を全兵士にまで拡げています*1。
　鄧小平の24文字戦略の中に表された「韜光養晦(とうこうようかい)」即ち、韜とは刀や槍の鞘であり、光は輝く能力、晦は「晦冥(かいめい)」でお分かりのとおり暗闇ですので「輝くような能力は隠し、人には分からないところで（戦力）を養っていく」という戦略も、武経七書の一つである六韜(りくとう)の一節であり、中国は古典兵法を今でも採用しているところ、今日の中国の動きを見ていると孫子の兵法に則ってグランド・ストラテジーを遂行していると思われることが幾度となくあります。毛沢東も『孫子の兵法』の指針を多く受け入れ、また中国海軍の戦略思想も根底に『孫子の兵法』があるとされています*2。
　2010年に出版された『瓦解戦』では、『孫子の兵法』始計篇第一の「兵とは詭道（相手を騙すこと）なり」を「用兵の鍵」として、「謀略と奇策を善く用いて敵軍を瓦解させる」としています*3。一見、非軍事活動をすべき漁船が、海上民兵として機雷の敷設訓練といった軍事活動に加わることが日常的に行われています。米国防総省出版の2008年版『中国の軍事力』にも「計略（Stratagem）や欺瞞（Deception）が軍のドクトリンに取り入れられている」と記されています*4。
　虚実篇第六には「其の必ず救う処を攻むればなり」とあります。これは相手にとって取られると必ず救ってくるところを攻めるという意味です。2010年9月に尖閣列島周辺海域で中国漁船が海上保安庁の巡視船に体当たりし、船長が逮捕されましたが、船長を解放させるために、中国はこの手を使いました。即ち1977年に日航機が日本赤軍にハイジャックされたダッカ事件で「人命は地球よりも重い」などと言って勾留中の凶悪犯を解放してしまった前科を持つ日本に対して人質を取ることが「必ず救う処を攻める」になると判断したのでしょう。フジタ工業の4名が逮捕されてしまいました。
　同じ虚実篇第六ですが「それ兵の形は水に象(かたど)る。水の行は高きを避けて下(ひく)きに趣(おもむ)き……」という一節があります。後述するように中国の海洋進出パターンは力の空白に乗じ、相手を試しつつ、相手が強硬なヘッジをかけなければジワリジワリと進出していき、まさに水が浸透していく有様によく似ています。

第1章　軍事戦略

　やはり虚実篇第六には「兵の形は実を避けて虚を撃つ」、即ち「敵の弱点を我の強点によって攻撃する」とありますが、アメリカに対しては弱者である中国は、アメリカがあまりにも情報に頼り過ぎていることを弱点と捉え、専門のサイバー攻撃部隊を養成して指揮・管制・通信網をズタズタにしようとしたり、ネットワークの重要拠点である衛星を破壊する実験を行ったりしています。こうした中国のやり方を、暗殺者の戦棍（Assassin's Mace ─狼兵や悪魔を一発で撃退できるという意味から転じて、何かの事象に対処する決め手、特効薬、強い相手を封じ込める方法─）として米国では警戒しています[*5]。

　米国のランド研究所も2007年に出版した『Entering the Dragon's Lair（龍の隠れ家に入っていく）─ Chinese Antiaccess Strategies and Their Implications for the U.S.（中国の接近阻止戦略と米国に対するその意味合い）─』の中で、中国の人民解放軍が米国の弱点を情報やC4ISR、ネットワークに頼りすぎていること、複雑な後方支援作戦、帝国的な伸延（Imperial Overreach）、人員被害に敏感なこと、同盟国の前方展開基地に頼りすぎていること等と分析し、その米国の弱点を衝くべく努力を傾注しているとしています[*6]。

　2010年4月、第4次戦略兵器削減条約（START）が調印され、今後は中国の核兵器に対する関心が移ってくるところ、中国は一貫して自国核兵器の透明性を拒否していますが、その理由として、何亜非中国外交部副部長は「敵から自分の強点と弱点を隠す孫子の助言に耳を傾ける素直さが要求される時期である」と語っています[*7]。

　本章で述べる三戦、超限戦、瓦解戦といった中国の軍事戦略は、軍事とは言いながらもほとんどが非軍事力の活用という総合的な戦略です。2009年版台湾の「国防報告書」にも「平時と戦時の兵力配備を同一化し、従来の活動領域を越えた領域での活動を行うなどして、例外的行為を慣例化・常態化させることにより、相手方の警戒意識の麻痺や国際社会の状況の変化を黙認・受容させることなどを企図している」としており、まさに尖閣列島周辺海域での侵犯行為の常態化などは、これを狙ったものでしょう。

　この点、軍による敵重点への兵力集中を主眼とするクラウゼヴィッツ兵学に染まった西側（日本も含む）は、その足元をさらわれかねない危険性を有していることに留意しなければなりません。後述するように、中国海

軍の装備・戦術は西側一流海軍国と比較すればまだまだのレベルであり、クラウゼヴィッツ流兵学者にとってみれば大したことはないと思われがちですが、戦略、政治、文化といった非軍事面をも含めた総合的な面では侮れず*8、それが中国に対抗するために『孫子の兵法』を学ばなければならないとする大きな根拠となります。

第2節　積極防御戦略

　積極防御戦略は毛沢東が創始し、全土をあげて戦う反侵略全面戦争では後発制人（攻撃を受けてから反撃）を原則とし、戦略上は防御的であるものの、戦闘地域、戦争目的が限定される局地戦争のような戦略レベルより一段下位の戦役レベルでは先制攻撃を含む積極的な攻勢を是としています。しかしソ連との対立が終了し、全面戦争の危険が遠のくと、中国の軍事上の関心は局地戦争に移行し、局部戦争は戦役レベルから戦略レベルまで引き上げられました。このため後発制人の考え方は退き、攻勢と先制が一層全面に出ることになりました。さらに現代の情報化戦争では敵に第一撃を加えることが戦争の帰趨を左右する重要な要件となるため、後発制人が成立しないことを踏まえ、人民解放軍は情報化戦争と後発制人のロジックの整合を試みています*9。

　積極防御戦略は、その字の通り防衛的戦略ですが、実際には鄧小平は「積極防御の中には攻勢的要素も含まれている。……例えば空軍の爆撃機は防御兵器である」と述べているように*10、軍事的には攻勢的な戦術行動も含まれていると解さなければなりません*11。現に中国空軍の3原則の第1は「攻勢作戦を通じてのイニシアティブの確保」となっています*12。中国人民解放軍の空軍中将（軍事科学院院長）であった鄭申侠（ていしんきょう）は「先制攻撃ドクトリンを適用しなければ、人民解放軍の勝利は限られる」と述べています*13。

　米国防総省が2007年5月に発表した『2007年版中国の軍事力』には「中国は先制戦略を発展させている？」という囲み記事が出ており*14、同2007年に米ランド研究所が発表した『龍の隠れ場に入る―中国の反アクセス戦略と米国への意味合い―』という出版物の中にも、多くの中国人学者が「弱者（中国）が強者（米国）に勝利するためには先制行動が有効」とし

て、「重点を打撃し、最初に麻痺、後に全滅させる」戦略を練っていることが書かれています*15。

　現に朝鮮戦争（1950年）、過去4回の台湾海峡危機（1954年、1958年、1995年、1996年）、対インド（1962年）、対ソ連（1969年）、対西沙群島（1974年）、対ヴェトナム（1979年）、対南沙群島（1988年）等で数々の先制行動を実践してきた中国は最大の常習国と言えます。

　また中国人民解放軍に対する政治の優越、いわゆるシビリアン・コントロールが機能しているかについては極めて疑問と思われる事象が多く発生しています。2004年11月に生起した中国海軍漢級原子力潜水艦の日本の領海侵犯や、2007年1月の衛星破壊（2005年7月と2006年2月にも試みられたが失敗）、2011年1月のゲイツ国防長官訪中にタイミングを合わせるようにしてステルス戦闘機「殲-20」を試験飛行させたことなどが、中国指導者の耳に事前に入っていたのかどうかは疑わしいところです。

　2005年7月に、中国人民解放軍国防大学の朱成虎陸軍少将は外国人記者との公式記者会見で「米国が台湾海峡での武力紛争に軍事介入し、中国を攻撃した場合、中国は核兵器を使用し、対米攻撃に踏み切る用意がある」と述べ、それまでの中国政府がとっていた「核の先制不使用」という立場を否定する発言をしました。しかし、彼はこれによってお咎めを受けたわけでもなく、2010年6月にシンガポールで行われたアジア安全保障サミット（シャングリラ・ダイアログ）ではゲイツ米国防長官に質問したり、太田と同じセミナーで発表したりしていました。

　この点、中国中央軍事委員会のメンバーのほとんどが軍人であることから、軍事的な強行策が政治戦略的にどのような否定的な結果を生み出すのかを計算できないという弊害があります。鄧小平が「韜光養晦」を戦略としていた時代は政治・戦略目的に反する軍行動は控えられていたのですが、最近の積極的な攻勢によってそれが失われつつある傾向を感じます。例を挙げますと、冷戦終了後韓国と良好な関係を保っており、韓国の世論も中国に対しては、これまで肯定的な評価をしていたのに、最近の韓国の世論調査では、最大の脅威を中国と捉えており、中国にとって政治・戦略的な目的を達しつつあるとは到底言えなくなっています。これは丁度、満州事変を引き起こし、海軍軍縮の足を引っ張って統帥権干犯問題を誘導し、最終的には世界を敵に回して日本に敗戦を齎した時代を彷彿とさせ、懸念を

禁じえません。おそらく中国は外交部の意図と軍が逆の方向を目指しているか、あるいは政府の諸機関が統一された戦略とは言えないバラバラな状況を呈しているように思われます。

情報化条件下における局地戦の勝利

中国は建国以来、世界的規模の戦争生起の可能性があるとの情勢認識に基づいて、大規模全面戦争への対処を重視し、広大な国土と膨大な人口を利用して、ゲリラ戦を重視した「人民戦争」戦略を採用してきました。しかし1980年代前半から、世界的規模の戦争は長期にわたり生起しないとの新たな認識に立って、領土・領海を巡る紛争などの局地戦への対処に重点をおくようになりました。

1991年の湾岸戦争以後は、ハイテク条件下の局地戦に勝利するため、軍事作戦能力の向上を図る方針がとられてきましたが、2008年の国防白書では「情報化条件下における局地戦に勝利すること」に転換しています*16。これは中国が、その後のコソボ紛争、初期のアフガン戦争、そしてイラク戦争を通じ、米国を中心としたコアリションがネットワーク化された統合作戦を遂行しているのを見て、自国もそのような戦いに備えたいとしているように思われます。

しかし、中国人民解放軍の一つの限界として、こうしたネットワーク化された統合作戦の経験も持っていないことが挙げられます。そればかりか、中国海軍は、およそ近代海軍が歴史に登場してからと言うもの、その実績に関してはほぼ皆無と言って差し支えないと思います。明の永楽帝時代、鄭和が中東・アフリカまで足を伸ばした時代はさておき、近世では清の北洋水師の時には、日清戦争で日本海軍と戦いましたが、辛亥革命以降、第二次大戦終結までの中華民国海軍の働きはほとんどありません。したがって、戦後ソ連の支援による中国人民共和国海軍が出発点と言えるでしょう。海軍は一朝一夕に創造できず、伝統が重視されます。

それでも近年中国は兵力投射能力や「接近阻止/領域拒否能力」を高めています。接近阻止/領域拒否とは Anti-Access/Area Denial の頭文字をとって、俗に A2/AD 戦略と呼ばれていますが、米国の4年毎の国防計画の見直し（Quadrennial Defense Review-QDR-）2010年版では、これを「大量の中距離弾道ミサイルと巡航ミサイル、先進兵器を装備した新型の

第 1 章　軍事戦略

攻撃型潜水艦、能力を向上させつつある高性能の長距離防空システム、電子戦及びコンピューター・ネットワーク攻撃能力、先進的戦闘機、対宇宙システムを開発している」と指摘しています*17。

このうちの弾道ミサイルですが、近年では米空母や主要艦艇を標的とした対艦ミサイル（Anti-Ship Ballistic Missile-ASBM-）や、弾道ミサイル防衛をかいくぐる終末誘導機動弾道（Maneuvering Reentry Vehicle-MaRV-）を開発しており、それが米海軍と海上自衛隊にとって大きな脅威となっています*18。

巡航ミサイルのうち艦載のものについては後述するとして、陸上あるいは航空機発射型としては、射程2000kmの DH-10 があり、これは通常弾頭のみならず、核弾頭も搭載でき、2009年末までに最大で500基程度が配備される模様で、米軍のトマホークの技術が採用された可能性があります*19。搭載航空機としてはソ連の Tu-16 である H-6 から発射されます。また、対地・対艦用として、射程100〜200kmの YJ-63、や YJ-62、それに YJ-83 や YJ-81 があります。空軍兵器としては Su-30MKK や Su-33KK、また J-11A/B といった対艦戦闘機が A2/AD の兵器となります。

こうした A2/AD 戦略は当初、台湾統一のためと考えられてきましたが、米国防総省が毎年公表している『中国の軍事力』の2005年版で初めて、台湾の統一を越えた軍事力を保有して地域的な覇権を狙っていることを指摘しました*20。ちょうど冷戦中のソ連がオホーツク海やバレンツ海を聖域としたように、中国も核第2撃としての戦略弾道ミサイル搭載潜水艦（SSBN）への聖域を確保する意味合いもあるでしょう*21。2010年の中国国防白書では任務を「中国の国土、内水、領海・領空の安全を防護し、海洋の権利・利益の安全を守り、宇宙、電磁空間、サイバー空間における安全保障益を維持する」としています*22。そして軍事力近代化の長期的な計画については2008年の国防白書で「国家の安全保障上の必要性と経済・社会の発展レベルに基づき」、「2010年までに堅実な基礎を築き、2020年までに機械化を基本的に実現し、情報化建設の大きな発展を成し遂げ、21世紀中頃に国防及び軍隊の近代化の目標を基本的に達成する」としています*23。

2011年3月に開催された全国人民代表大会において年度の国防費が採択され、前年度比12.7%の増加となりましたが、この増加の理由について李肇星報道官は、「装備の増強、軍事活動の重視、軍人の待遇改善」などを

挙げていましたところ、特に装備の増強が最初に挙げられていたことから、中国の国防近代化が情報化時代の戦争に備える段階に入った兆候として注目されます。

こうしたことから、これまで中国が言ってきた「積極防御戦略」は変質してくるものと思われます。即ち「防御的国防政策」として積極的に防御の前線（海空の防衛ライン）を拡大し、「防御的軍事戦略」として軍事的威嚇能力を高め、「適時に軍事的威嚇、小規模な警告的作戦行動を実施する」と言っています*24。

中国は戦略的辺疆として、台湾、チベット、新疆ウイグルを勢力圏としてきました。2009年7月に行われた米中戦略・経済対話で中国は、この核心的利益を第一に、国家の基本制度と安全保障を維持すること、第二に国家主権と領土の一体性を維持、第三に経済社会の持続的安定的発展であるとしています。

防御戦略の実態

中国共産党が中華人民共和国を建国した1949年以来、中国は二桁に及ぶ武力行使をしてきました。最初は1950～1953年の朝鮮戦争でした。次いで1954年と1958年には台湾に対して、1962年には中印紛争で、そして1965～1973年にはヴェトナム戦争で北ヴェトナムを支援しました。1969年にはソ連との国境紛争があり、1974年には西沙諸島で南ヴェトナム海軍艦艇と交戦し、1979年にはいわゆる懲罰を与えるとしてヴェトナムに侵攻しました。1988年には南沙諸島の領有権を巡ってヴェトナム海軍艦艇と交戦、1995年と1996年には台湾近海に弾道ミサイルを発射しました。こうしてみると建国から今日まで約60年の間に10回以上武力行使を行っており、しかもそれが数年に及ぶこともありましたので平均数年に1回は武力を行使してきた計算になります。このうち、ヴェトナム戦争の支援を除き、全ての紛争で先に手を出したのは中国側であることが今日の歴史調査から明らかになってきています*25。従って、中国が過去やってきたことから判断すれば「中国は軍事力を使用する敷居は極めて低い」ということになるでしょう。

2006年8月の中央外事工作会議で胡錦涛は「中国の外交は国家の主権、安全（保障）、発展利益の擁護のために役割を果たすべきだ」と発言し、これ以来「国家の主権、安全（保障）」が経済発展上の利益に優先される

第1章　軍事戦略

ようになりました*26。そして、2009年7月の駐外使節会議で胡錦涛政権は、これまでの「韜光養晦(とうこうようかい)」から、「堅持韜光養晦、積極有所作為」即ち「成すべきことを積極的に成す方針」に加筆修正しました。その理由としては内政要因も見逃せないでしょう。

　第一にポスト胡錦涛（共青団）の動きで、日本に甘いとの批判がある胡錦涛に対し、対日強硬派で有名であった江沢民系の上海閥の流れをくむ習近平（太子党）と、それに反対する李克強との権力闘争との関連です。習近平は、胡錦涛をリーダーとする共産主義青年団の系統に属さず、1979年に清華大学を卒業したあと中央軍事委員会弁公庁に入り、当時の耿飚党中央軍事委員会秘書長の秘書を務めましたが、この時の身分は「現役軍人」であり、1979年から2007年の間、広義の軍務経験がなかった時期は数年しかありません。また奥さんの彭麗媛(ほうれいえん)は人民解放軍総政治部歌舞団団長であり、陸軍少将級の待遇を受ける文職幹部であることから*27、強硬かつ反日的な人民解放軍の意向を無視できない、あるいは軍の支持を取り付けたいとされています。その証拠に2011年1月の軍人事異動では太子党勢力で習近平と親しい劉源上将が総後勤部政治委員に、張海陽上将が弾道ミサイルを所掌する第2砲兵部隊政治委員に、劉暁紅中将が海軍政治委員に、劉亜洲中将が国防大学政治委員に、楊東明中将が空軍副司令官に、張又侠中将が瀋陽軍区司令官に就任しています。

　また習近平は、胡錦涛政権とは明確に違うことを示したいという側面もあるでしょう。例えば2010年になって国防費の対前年度比伸び率が二桁にならなかったことに対する軍部への譲歩があるかもしれません。あるいは軍内で穏健派と保守派との確執といった面も考慮しなければならないでしょう。

　習近平が胡錦涛の後継者となったことは、胡錦涛の任期が2012年で終了することから、2013年の全国人民代表大会によって国家主席に選出され、中央軍事委員長に就任する翌年あるいは翌々年から少なくとも2期10年、即ち2025年ぐらいまでは対日強硬派の習近平を相手にしなければならないということです。2006年から戦略的互恵関係が提唱され、第11期全人代が行われた2008年頃には、東シナ海油田の協同開発について了解される状況にあったのが、胡錦涛から習近平に継承されることが明らかになった2009年頃から、中国の対日攻勢が顕著になり、習・江派への雪崩現象が起こっ

15

て軍の発言力が増大してきたことを考えると、これから先、この傾向は当面継続すると覚悟しなければなりません。無論、中国の国内が安定に向かうのか、不安定化に向かってナショナリズムが強まるのか（胡錦涛政権では安定期には親日的傾向が採られ、動揺期には強硬姿勢が採られる傾向）、また経済の動向や所得分配政策が功を奏するのか、そして対外的に孤立の道を辿るのか、といった様々な要素を考慮しなければならないでしょうが、リーダーに着目した場合、上記のようなことが言えそうです。

「積極有所作為」に加筆修正した第二の理由としては2008年の北京オリンピックの成功と、その後世界的な財政危機を中国は乗り切り、日本を抜いてGDPで世界第2位となったという自信がそうさせているのかもしれません。2008年以降、東及び南シナ海での独断的な自己主張（Assertiveness）がそれを示しています。しかし、特に2010年のAssertivenessが世界中のひんしゅくを買った反省として、年末には中国外交のトップ戴秉国国務委員が、『人民日報』に「平和的発展の道を歩むことを堅持せよ」との論文を出しました。ただ、その1ヶ月後の2011年1月には、人民解放軍副総参謀長の馬暁天上将が、『学習時報』に「戦略的チャンスの時代的意味を把握し、われわれの歴史的な使命と責任を明確にせよ」と述べており、こうした「平和的発展論者」と「戦略的チャンス論者」の確執が、本来2010年末に公表すべき国防白書を2011年3月まで遅らせたと見るべきでしょう。ちなみに2010年の白書では、これまで米国に対して使っていた「覇権主義・強権政治」の言葉が削除されています。

第三に阿片戦争以来、約100年間を西欧及び日本に領土を侵略されてきたという屈辱の歴史を、この際覆してやろうとするナショナリズムも見逃すことができません。そして「積極有所作為」を推進できるだけの軍事的能力が備わってきているという背景があります。

防御戦略と言っても、概して言えば中国は現状を変更しようとする勢力であり、日本は米国と共に現状維持勢力と捉えることができるでしょう。

第3節　三　戦

三戦とは、湾岸・コソボ・イラク戦争等の教訓から情報通信の進歩によって心理戦の様相が変化していることを学んだ人民解放軍が、2003年に党

第1章　軍事戦略

中央軍事委員会と中央軍事委員会で承認したもので、同年12月の「人民解放軍政治工作条例」第2章「政治工作の重要内容」第14条(18)に「輿論戦、心理戦、法律戦を行い瓦解敵軍の工作を展開し、反心理戦、反策反工作を行って、軍事司法と法律服務工作を展開する」と規定しています[*28]。要するに非軍事力による侵攻作戦と捉えることができます。また2008年の国防白書では「軍事闘争を政治、外交、経済、文化、法律などの分野の闘争と密接に呼応させる」といった方針を掲げ[*29]、2010年の国防白書では新たに「軍事法制」の項がⅥに設けられました。

まず輿論戦（Media Warfare）ですが、中国の軍事行動に対する大衆及び国際社会の支持を築くとともに、敵が中国の利益に反するとみられる政策を追求することのないよう、国内及び国際世論に影響を及ぼすことを目的とし、これにはIT・メディア・情報操作等の戦術工作が入ります。即ち、自分達が正義であることを宣伝し、国内外の支持を獲得すると共に敵の失敗や敵が悪いということを宣伝するものです。常用される戦法については、敵の指導層や統治層の決断に影響を及ぼす「重点打撃」、有利な情報を流し不利な情報を制限する「情報管理」などがあります。最近の中国が、孔子学院を全世界に約300（日本には8ヵ所）も設立し、また北京オリンピックの開会式には、この思想の元祖としての孔子、「火薬」、「羅針盤」、「紙」、「活版印刷」といった中国四大科学技術発明の象徴として紙を発明した蔡倫、そして15世紀に中東・アフリカに航海した鄭和が演出され、アデン湾での海賊対処や全世界的に展開しているPKO活動によってソフト・パワーを強調しようとしているのもこの一環かもしれません。

次に心理戦（Psychological Warfare）とは、敵の軍人及びそれを支援する文民に対する抑止・衝撃・士気低下を目的とする心理作戦を通じ、敵の戦闘作戦を遂行する能力を低下させる戦術工作です。これには恫喝、圧力をかけるための軍事演習、撹乱工作、金権誘導などが入りますが、これも孫子の兵法に多く見られます。例えば計篇第一の「怒にしてこれを撓し、卑にしてこれを驕らせ、佚にしてこれを労し、親にしてこれを離す」がそうですし、軍争篇第七にも「治を以て乱を待ち、靜を以て譁（ざわめいた相手）を待つ」といったところも心理戦の一種でしょう。

そして法律戦（Legal Warfare）とは、国際法及び国内法を利用して、国際的な支持を獲得するとともに、中国の軍事行動に対して予想される反

17

発に対処する戦術工作です*30。これには、中国モデルによる自分達の都合の良い解釈を行い、相手の反則を誘導しようとするものも含まれます。法律戦は、自軍の武力行使と作戦行動の合法性を確保し、敵の違法性を暴き出し、第三国の干渉を阻止する活動を言います。それにより、軍事的には自軍を「主動」、敵を「受動」の立場に置くことを目的とします。近年、国際法の遵守という消極的な法律戦ばかりでなく、独自の国際法解釈や、それに基づく国内法の制定など、自ら先手を打って自国に有利なルールを作るという積極的な法律戦が顕著になってきています。

　これまで中国は様々な国内法を整備してきました。まず1992年に領海及び隣接区法を制定して尖閣諸島を含む東シナ海から台湾領海、南シナ海の全域を含む海域を自国の領海とし、1996年に領海基線公布をするとともに渉外海洋科学研究管理規定を行いました。また1998年には専管経済区域及び大陸棚法を、1999年には海洋環境保護法を、2001年には海域使用管理法を、2003年には無人島保護利用管理規定を定めました。また2005年には台湾が独立したら、武力行使を正当化する反国家分裂法を制定しています。そして2009年の5月に行われた第11回全人代常務委員会第9回会議で島嶼保護法案を制定しました。この法律は、島嶼の建築物、施設建設、造成工事、島嶼における採石・浚渫・伐採等の制限、珊瑚礁、歴史的な文化遺跡、植生等の保護、無人島嶼の所有権は国家に帰属、監督官庁の職権や違反者への法的責任追及といった内容を含むもので、尖閣諸島が中国の領土だとすれば中国では、国内法上この法律が適用されることになります。さらに2010年7月には国防動員法が制定され、漁船のような民間資源をも国防上の目的に使われることを規定しました。

　これらを対日という文脈でとらえれば、輿論戦は国際的な場で「中国は覇権を求めない」とか「和楷世界を目指す」といったプロパガンダを展開し、日本の政治や世論を中国にとって有利な方向に誘導することです。心理戦は過去の日中戦争を取りあげて日本に負い目を持たせると共に、東シナ海では漁船や海監などの艦船を利用することによってプレゼンスを恒常化させ、もう東シナ海は中国がコントロールしているのだといった印象を植え付けることに勤めることも入るでしょう。法律戦では、例えば東シナ海の日中係争海域に関して日本が、境界画定等が合意に至るまでの間暫定的に中間線を設定しようとしているのに対し、中国は境界未画定の海域に

第 1 章　軍事戦略

もかかわらず、国内法に基づいて管轄権を主張するようなことをしています。次項では、とりわけ外交面で使用される心理戦について詳述してみたいと思います。

外交・心理戦
　日中間の問題を外交的に解決する道筋を一歩一歩立てていく努力は当然のことです。努力の結果の合意は、両国間関係を良好にし、国民感情を友好的にします。しかし、争いごとを避けようとする心理をつかれ、ミラーイメージを持って、こちらが譲歩すれば中国も譲歩するはずだと期待を込めること、更には合意は必ず護られると思い込むことも禁物です。外交交渉やその成果も、相手の既成事実の積み重ねと相俟って、こちらの更なる譲歩を迫るものとして使われることに意を用いなければなりません。中国は、心理的な弱点を突くことに長けていることを認識し、ムードに流されないようにする必要があります。
　1990年代中葉から、中国が日中中間線の日本側海域に拡大して海洋調査を活発化させたことが問題化し、日中両政府は2001年2月、「海洋調査活動の相互事前通報の枠組み」を策定しました。国連海洋法条約では、他国排他的経済水域で海洋調査をする場合は、6ヶ月前の通報が義務付けられていますが、特別に、調査実施の2ヶ月前までに事前通報すればよいという合意でした。中国は、通報することで、日本の抗議を封じることができるようになりました。合意に対する違反についての抗議は、トーンの小さなものとなってしまいました。結果的に、この合意は中国が「合法的」短期に東シナ海の調査を進めることに寄与してしまいました。中国を利するだけのものとなった訳です。
　2008年6月に、「東シナ海を平和の海、協力の海、友好の海にする」という基本的な考え方に沿った日中両国の首脳の合意がなされ、龍井（翌檜）付近での共同開発と、春暁（白樺）への日本の出資が決まりました。天外天（樫）と、龍井（翌檜）の本体、断橋（楠）は共同開発の合意に至らず継続協議となり、了解事項として「共同開発をできるだけ早く実現するため継続して協議を行う」と明記されましたが、その後の協議は進んでいません。この間、中国は継続協議の対象になった場所で単独開発を進めています。「平和の海」の合意があろうとなかろうと、また継続協議の有

無に関わらず、中国側は既定の方針に基づく開発を進めてしまうのです。「共同開発」には、その区域をどうするか、区域の中で実際に掘削する場所は中間線を挟んでどちら側かという問題に限らず、費用分担の問題、成果配分の問題、不慮事態などリスクが顕現した時の処理の問題など利害調整が絡みます。中国側は既定の開発を進めつつ、協議が進まない原因は日本側にあると転化し、また他の外交案件の際に、取引材料として、「継続協議を進展させてもよい」ということを「おみやげ」として活用しているのです。既成事実が重ねられ、結果的に日本側が次なる譲歩をせざるを得なくなることでしょう

　外交的な合意は、ムードを良好にします。言い方をかえれば、油断させる心理作用を起こさせます。国際社会の現実を表面的、一側面的に見ることなく、心理的・ムードに左右されない国民性を涵養することが重要です。

第4節　超限戦(Unrestricted Warfare)と瓦解戦(Disintegration Warfare)

超限戦

　超限戦とは1999年に喬良、王湘穂という二人の中国空軍大佐が共著で出した書物です。その名の通り限度を超えた戦いですが、限度にはいろいろな意味があります。国境や戦場の境界線、固定概念、倫理上の規則といった限度もあるでしょう。それを越えていく、即ちサイバー攻撃などは、国境を越えていく良い例でしょう。また戦争には越えてはならない一線、例えばジュネーブ条約で決められた人道法上の限度もあるでしょう。それらを越える、要するに「何でもあり」のやり方が超限戦と言えます。

　書中の定義によれば、超限戦とは「武力も非武力も、軍事的も非軍事的も、殺人や傷害またそうでないものも含め、あらゆる手段を用いて自分たちの利益を敵に無理やり認めさせる」という意味です。即ち「軍事、政治、外交、経済、文化、宗教、心理、メディアなどの領域は全て手段と見なす[31]」と平戦時を超越した総力戦が描かれており、非軍事的手段の中には貿易戦が入っています[32]。2010年の尖閣列島事案で中国漁船が逮捕され、釈放されないと知った中国は、日本経済の泣き所であるレア・アースの輸出を事実上止めたとされていますが、これなども貿易戦を使って相手に自分たちの主張を無理やり認めさせた好例と言えるでしょう。

第1章　軍事戦略

　2005年前後に、日本がオーストラリアのレア・アースを輸入しようとした際、中国がそれらを事前に買い占めてしまった事案がありました。中国は自国にレア・アースがあるのにも拘わらず、何故買い占めたのか、今回の事案によってはっきりしてきました。中国は貿易（レア・アース）を自国の主張に相手を屈服させるための戦略兵器にしたいと思っていたのです。

　中国のサイバー攻撃に関しては、これまで中国政府は一貫して「関与していない」としてきましたが、2010年12月にウイキリークスが「メディアを担当している李長春（党内序列5位）と、治安を担当している周永康（党内序列9位）という二人の政治局常務委員が指示している」としたことから中国政府の関与の疑いが濃厚となってきました。特に周永康に関しては、金正日の後継者として金正恩が姿を現した2010年10月の北朝鮮労働党65周年軍事パレードで金正日の右隣に立っていたことで有名です。周永康は、かつて石油や資源畑の経験が長かったことから、先に述べたレア・アースの禁輸に関与した可能性も高いように思われます。

　中国の軍事文書には「敵の情報の流れのコントロールを手中にすることは空・海軍の優位に対する前提条件である」とされ[33]、「中国電信」や「華為技術有限公司」のような中国政府と密接な関係を持っている遠距離通信会社から民間に至まで、まるでサイバー民兵のように官民一体となった信じがたいほどの国際的ハッキングが行われているとされています[34]。そして攻勢的サイバーに関しては軍事インテリジェンス部（Military Intelligence Department-MID-）がハッキング能力を開発する研究所を管理し、防御面では中国軍の第3部（Third Department）が外交・軍事・国際通信をモニターしていると言われており、この組織は世界で3番目に大きなインテリジェンス・モニタリング組織だとされています[35]。これも『孫子の兵法』勢篇第五にある「凡そ戦いは、正を以て合い、奇を以て勝つ」の考え方に基づいています[36]。

瓦解戦

　人民解放軍の研究教育機関の一つで、南京市に所在する解放軍国際関係学院は、2003年から2009年にかけて「瓦解戦」の研究を実施してきました。解放軍国際関係学院は総参謀部の情報部に直属し、世界各地の大使館に赴任する武官や情報将校を教育していると言われています[37]。

2010年に人民解放軍出版社は『瓦解戦』を出版しましたが、これも上記超限戦の延長として捉えることができます。主体は、国家指導者、軍隊全体の将士、全国民で、主要な作戦対象は、敵国の軍隊及び政府とし、相手の政策を変えさせ、経済を混乱、崩壊させ、心理的に恐れさせ、情報連絡網を遮断或いは欠損、指揮を混乱・中断させ、敵が失敗或いは投降する効果を挙げるものであるとされています*38。

　そして、これは多方面、総合的に行われる行為で、政治瓦解戦、輿論瓦解戦、経済瓦解戦、心理瓦解戦、情報瓦解戦、謀略瓦解戦があります。

　「政治瓦解戦」は、宣伝により相手の虚偽性、欺瞞性、反歴史規律性を示し、民心と国際社会の支持を失わせて孤立させ、自ら瓦解させようとするものです。

　「輿論瓦解戦」は、事実上の宣伝戦であり、衛星通信、テレビ、映画、ラジオ、インターネット、新聞雑誌などの現代における情報媒体を手段として、中国に有利な観点と情報を計画的、組織的、選択的に広範囲にわたって宣伝し、世界と中国の輿論を誘導・コントロールし、中国人の心理を鼓舞して敵の士気を打撃、瓦解させる活動です。

　「経済瓦解戦」は、経済封鎖、経済浸透、経済買収、貿易制裁、金融撹乱、技術封鎖、交通運輸系統の遮断などの手段により、敵の経済システムを瓦解させ、経済を支える能力を喪失させる活動です。敵の経済が瓦解することによって経済システムを混乱させ、その結果、生産力や生活レベルの低下が引き起こされ、これが敵国政府への不満を引き起こし、敵国民自身と対抗能力を喪失させることにより、中国は敵をコントロール下に置き、戦わずして勝つ、あるいは敵を友人に変えることができると瓦解戦研究は指摘しています。2010年9月の尖閣沖での中国漁船衝突事件後、中国はレア・アースの輸出を滞らせましたが、これは上記「貿易制裁」に区分させるものであり、一部の専門家は、報復措置として為替介入による円高誘導をすべきと主張していましたが、これは「金融撹乱」に分類されるとされています*39。

　「心理瓦解戦」は、相手の認知、情感、意思等心理層に作用して、心理的圧力を大きくして心理的防衛を崩壊し、敵の作戦と対抗意思及び作戦能力を瓦解させること、「情報瓦解戦」はハッキング攻撃やウイルス攻撃など多くの方法があるとし、「謀略瓦解戦」は、欺瞞し、分裂させ、敵対勢

力を離反させ、内部を攻め、攻撃することなく自破させるものだとしています*40。

これも『孫子の兵法』計篇第一にある「乱して之を取る」、そしてこの流れを汲んだ毛沢東「十六字の戦略秘訣」の中の「敵駐我乱」の源を求めることができ、最終的には謀攻篇第三の「戦わずして人の兵を屈する」ことを真髄としていると思われます。即ち、指揮・管制・通信・コンピューター系統をサイバー攻撃によってズタズタにしてしまえば、敵の軍活動は統制がとれなくなりますので瓦解（Disintegrate）することになります。

イラク戦争時、アメリカ側のキャッチ・フレーズとなった Shock and Awe（衝撃と畏怖）が本のタイトルである Harlan K. Ullman と James P. Wade の著書の中にも『孫子の兵法』の引用が数十回にわたってなされていますが*41、Shock and Awe（衝撃と畏怖）も『瓦解戦』の考え方と共通しています。

尖閣諸島に対する瓦解戦の適用例

中国は、軍事力とともに、敵軍民の抵抗意思と戦闘意思を崩壊させるための政治工作を重視しており、上記のように解放軍国際関係学院で検討された『瓦解戦』では、孫子が唱えた「兵は詭道なり」を「用兵の鍵」として捉え、「謀略と奇策を善く用いて敵軍を瓦解（瓦解敵軍）する」のだと説いています*42。そうした軍事以外の、いわば無形分野の手段による圧力を駆使して、主張の拡大及びそれに沿った既成事実化を進展させているのです。と同時に中国は軍事力を増強して、情報化条件下の局地戦に勝利するとの軍事戦略に基づいて局地短期戦能力の向上を図っており、有事になったらその後どうなるかという想定を自らに有利なものにしようとしていることが窺えます。

さて、中国は尖閣諸島をめぐる既成事実化を重ねてきています。そこには、政治的宣伝及び軍事とも非軍事とも見分けがつかないような行動も伴っています。

尖閣諸島は、沖縄返還とともに施政権が日本に戻ったものですが、1978年4月、100隻を越える中国漁船が進出し領海侵犯、不法操業を実施し、その4ヶ月後の平和友好条約締結時に、鄧小平国務院常務副総理（当時）は「（領有問題は）棚上げにしても構わない」として「領土問題」が既に

在るもののように宣伝しました。1992年の「領海及び隣接区域法」では「中華人民共和国の陸地領土には、中華人民共和国の大陸及びその沿海の諸島、台湾及び釣魚島を含むその附属諸島、澎湖列島……（中略）……その他のすべての中華人民共和国に属する島々が含まれる」と謳いました*43。2007年に呉勝利海軍司令員等は「釣魚島と南沙諸島の領有権紛争は、我が国の主権と安全に直接関わる」とし*44、2008年12月8日には、中国国家海洋局所属の海洋調査船「海監46号」（約1,100トン）と「海監51号」（約1,900トン）が、9時間以上にわたって領海侵犯し、徘徊、漂泊を繰り返しています*45。漁船など民間船とは異なる「公船」による長時間の行動は、「主権の存在」の主張を、強く内外に表明するものとなりました。2010年9月7日、中国の漁船数十隻が尖閣諸島の我が国領海を侵犯し、その内の1隻が保安庁巡視船に衝突してくるという事件が発生しました。この時の対応は、経済上の制裁的措置や、歴史的、法律的な手段を駆使し、日本人の心理に作用させるものでした。

　日本は、尖閣諸島に関して、「領土問題はない」としているところですが、この衝突事件自体が、世界に尖閣諸島をめぐる「領土問題」なるものを宣伝することになりました。中国側の対応には、交流や経済・貿易上の制裁的措置とともに、漁船の保護という名目で、武装している大型漁業監視船（公船）を配備するという措置にまで至り、既成事実化を一歩進めるというものにもなりました。中国外交部の報道官は、9月14日の定例記者会見で、中国が「最も早く同島を発見し管轄権を行使した」とした上で、尖閣諸島が歴史的にも国際法上でも「中国領」であると主張した日本人学者の著書を紹介したりもしました*46。

　島嶼領有に関わる問題化や宣伝、譲歩や妥協を誘うように心理的効果をもたらす各種制裁措置、歴史や国内法の活用、国際法を持ち出すなどの無形的な分野に関わる策略と、公船の行動などによる目に見える直接的な既成事実の蓄積とは、表裏一体のものとして進行しています。

　尖閣諸島は「日本の固有の領土」とする日本側の原理原則と、中国側の既成事実の蓄積行為間の衝突は、今後ともことあるごとに顕在化するでしょう。中国の為政者は、既成事実の程度を後退させることは、中国共産党の統治を危うくするかもしれないということを知っています。そのような危険が感じられれば、局地短期の武力行使も選択肢となるでしょう。歴史

を鑑みれば、中国の武力行使の敷居は低いと言えます*47。また、既成事実の進展と無形分野の戦いの効果が高まれば、局地における日米同盟の実効性が「壊れると確信できる」ようになり*48、思い通りのより短期の戦いを行えて、ここでも武力行使の敷居は低下する可能性が高まります。

日本が、平和志向、人命至上主義、経済重視により、島嶼をめぐる「譲歩」的な選択肢を考える場合には、それによって①中国の強硬な姿勢を更に勢いづかせるおそれ、②尖閣の問題のみならず、更なる問題が創出されるおそれ、③中国以外の国が類似の要求に伴う圧力を高めるおそれ、④アジアや国際社会の秩序維持への責任を果たさないことになるおそれ、⑤アジア諸国で、米国のコミットへの不信が高まるおそれなどを検討することになるでしょう。「瓦解敵（日本）軍」に対抗する外交や世論指導に関する実践的な思考が必要になるのです。

第5節　日米同盟の分断

『孫子の兵法』謀攻第三に「上兵は謀を伐つ。其の次は交を伐つ。其の次は兵を伐つ。其の下は城を攻む」とあります。既に述べた「三戦」や「超限戦」「瓦解戦」はさしずめ「謀を伐つ」になり、次章から述べる海洋・海軍戦略は「兵を伐つ」に相当するとすれば、「日米同盟の分断」は「交を伐つ」戦略と言えましょう。

現在の日本の防衛論は、米国による集団的自衛権と日本による個別的自衛権の組み合わせであり、役割の面から言えば、米国の「矛」と日本の「盾」の組み合わせで、両者が適切に発揮されるということを前提においています。しかし、中国の軍事力増強下、その前提が確たるものであるかどうかはしばしば議論になります。米国の国家アジア調査局（National Bureau of Asian Research ― NBR ―）は、「同盟は強靱だと無前提に想定することはできない。」とし*49、中国の国防当局者達が「日米同盟は仕組みとしてはしっかりしているが、その現実の働き方は弱い」と見ていると指摘しています*50。

米軍が遠方に無比の大兵力を維持し、戦力投射機能を提供していることは、同盟国や友好国にとって満足と安心の源泉でしたが*51、中国の接近阻止・領域拒否（Anti-Access/Area Denial-A2/AD-）能力は、これを侵す脅

威になっており*52、これらは戦域内特定域での米軍の作戦を阻止し、米軍に通常の良所よりも遥かに遠方で作戦を行わせることを強いることにより*53、同盟の信頼性や安全保障上の協力関係に疑念を生起させることになります*54。中国軍は、その上に局地戦で勝利する態勢を強化しており、短期で終結する場合は、同盟国間の相互協力を難しくさせると思われます。

今日の中国軍の戦力の充実は急激であり、対策に適切さを欠けば、西太平洋域の軍事バランスを崩すことにもなるのです。

日米双方が同時に危険に晒され攻撃を受ける場合は、日米の機能の発動時機は一致するものと考えられ「盾」と「矛」の組合せが期待できます。基地への攻撃を受けるような場合はその例となります。しかし、そこが攻撃目標になって、甚大な被害が予見されるようになれば、分散措置や予備基地への移動などの措置が考えられるようになり、危険空間の共有度を低減させ、日米の発動時機が一致しなくなることも視野に入ってきます。

米国防総省は、基地機能を維持させるため、「同盟国を誘導して、重要な施設を強化させるばかりではなく、予備基地を設定して分散する概念を導入し、カウンター・インテリジェンスや積極防衛、情報、監視、偵察能力と長距離攻撃力で補完する」と述べています*55。被害生起を前提に、滑走路の急速修復能力を期待する一方で、分散配備の概念や、予備基地について考慮し始めており、米軍の配備の変更が予期されるものになっています。被攻撃時に配備変更がなされていて、米軍がいなくなっていれば、同一の守るべき空間認識が希薄化され、「盾」と「矛」の発動時機の不一致性が予見されるようになります。

危険空間として、直接に害を被る空間を共有しない場合は、「盾」と「矛」の機能発揮時機は一致するとは限りません。島嶼防衛ではそういったことが予見されます。日本にとっては死活的であっても米国にはそうではない場合があるのです。

米軍が戦闘に着手するという決定までには、激化によりかえって情勢を悪化させてしまうのではないかという検討が行われるでしょう。中国の軍事的台頭は、米軍が軍事行動を発動するに際して考える様々な事項、例えば国際情勢及びそれに伴う米軍の世界的な展開状況、中国の軍事動向、日本の対応状況、それに日米関係や国内世論、参戦による事態悪化の可能性などを、より複雑に考察させることになるでしょう。また、急襲でかつ短

第 1 章　軍事戦略

期に終結してしまう様な場合は、米軍は行動できないかもしれません。更に島嶼が占拠されてしまう様な事態では、事後の原状回復のための準備には、戦闘域の拡大や激化の可能性及び大きな被害が考慮され、相当の期間が必要と考えられ、その実施を慎重なものにさせるでしょう。

　米国防総省は、中国の A2/AD 能力の向上は「侵攻あるいは揺さぶり活動を可能にする」[56] ものとしても指摘しています。中国は、局地において短期に勝利を得られる様な軍事力を顕現し、それによる圧力を高めています。中国が「米軍の部分的又は全般的な政治、軍事的な目標達成を阻止する間に、政治、軍事的目標を達成」[57] できるようにしていると見ることもできます。中国の A2/AD 能力及び局地短期戦能力の向上は、日本の防衛上、「矛」の役割を担う米国の発動時機を流動化させるばかりでなく、防衛行動上の相互協力や機能の組合せが、前提として成り立たなくさせることをも、視野に入れさせるものになります。

　その様な問題認識の下では、重層性を増すため日本独自の保有機能を拡張する検討が必要になりますが、その場合、同時にそれが、米軍の発動時機の流動化を防ぎ、日米の分断に対抗する措置となることが望まれます。この反分断策に関しては、第8章の第3節で述べたいと思います。

[1] 2006年5月3日付ヤフー・ニュース「サーチナ・中国情報局」
[2] Toshi Yoshihara and James R. Holmes, *Red Star over the Pacific*, Naval Institute Press, 2010, pp.27, 36.
[3] 李而炳等『瓦解戦』(解放軍出版社、2010年) 19頁。
[4] Office of the Secretary of Defense, *Annual Report to Congress-Military Power of the People's Republic of China 2008*, pp.19-20
[5] Office of the Secretary of Defense, *Annual Report to Congress-Military Power of the People's Republic of China 2009*, p.20.
[6] RAND, *Entering the Dragon's Lair-Chinese Antiaccess Strategies and Their Implications for the United States*, 2007.
[7] Bill Gertz, 'China's Sun Tzu secrecy', *Washington Times*, February 17, 2011, p.7
[8] Toshi Yoshihara and James R. Holmes, *Red Star over the Pacific*, Naval Institute Press, 2010, p.79.
[9] 斉藤良「中国積極防御軍事戦略の変遷」『防衛研究所紀要』第13巻第3号、2011年3月、25頁。
[10] John Wilson Lewis and Xue Litai, "The Quest for a Modern Air Force," in *Imagined Enemies: China Prepares for Uncertain War*, Stanford University Press 2006, p.237.
[11] Toshi Yoshihara and James R. Holmes, *Red Star over the Pacific*, Naval Institute

Press, 2010, p.29.
- *12 Zhang Yanbing, "Air Force Campaign Principles," *Chinese Air Force Encyclopedia*, Aviation Industry Press, 2005, pp.95-96.
- *13 U.S Department of Defense, *Annual Report on The Military Power of the People's Republic of China*, July 2002, p.14.
- *14 U.S Department of Defense, *Annual Report on The Military Power of the People's Republic of China,* 2007. p.12.
- *15 RAND, *Entering the Dragon's Lair-Chinese Antiaccess Strategies and Their Implications for the United States-*,2007, pp.31 〜 35.
- *16 Information Office of the State Council of the People's Republic of China, *China's National Defense in 2008*, January 2009, p.8.
- *17 Department of Defense, *Quadrennial Defense Review Report*, February 2010, p. 31.
- *18 Office of the Secretary of Defense, *Annual Report to Congress-Military and Security Developments Involving the People's Republic of China 2010*, July 2010, p.30.
- *19 防衛省防衛研究所編『中国安全保障レポート』平成23年3月、33頁。
- *20 Office of the Secretary of Defense, *Military Power of the People's Republic of China 2005*, pp.12 〜 13.
- *21 Toshi Yoshihara and James R. Holmes, *Red Star over the Pacific*, Naval Institute Press, 2010, p.13.
- *22 The Information Office of China's State Council, *China's National Defense in 2010*, 31 March, 2011, Ⅱ. National Defense Policy.
- *23 Information Office of the State Council of the People's Republic of China, *China's National Defense in 2008*, January 2009, p.7.
- *24 陳舟『中国軍事科学』2009年第6期。
- *25 平松茂雄『「中国の戦争」に日本は絶対巻き込まれる』徳間書店、2008年。
- *26 青山瑠妙「中国の周辺外交」、趙宏偉他著『中国外交の世界戦略—日・米・アジアとの攻防30年』(明石書店、2011年)101頁。
- *27 防衛省防衛研究所編、『東アジア戦略概観』2011、2011年3月、120頁。
- *28 「中国人民解放軍政治工作条例」(2003年12月5日)、中共中央文献研究室編『16大以来重要文献編 (上)』(中央文献出版社、2005年) 522頁。
- *29 Information Office of the State Council of the People's Republic of China, *China's National Defense in 2008*, January 2009, p.9.
- *30 *Office of the Secretary of Defense, Annual Report to Congress-Military and Security Developments Involving the People's Republic of China 2010*, July 2010, p.26.
- *31 喬良・王湘穂、『超限戦』(共同通信社、2001年) 10頁。
- *32 喬良・王湘穂、『超限戦』(共同通信社、2001年) 67頁。
- *33 Sean Noonan "China and Its Double-edge Cyber-sword", *Stratfor Global Intelligence*, 9 December 2010.
- *34 Shane Harris, "China's Cyber-Militia", *National Journal*, 31 May 2008.
- *35 "Special Report: Espionage with Chinese Characteristics", *Stratfor Global Intelligence*, 24 March 2010
- *36 Dr. J. P. "Jack" London, "Made In China", *Proceedings*, U.S. Naval Institute, April

第 1 章　軍事戦略

2011, p.59.
*37　防衛省防衛研究所編『東アジア戦略概観』2011、2011年3月、113頁。
*38　李而炳等『瓦解戦』(解放軍出版社、2010年) 19～20頁。
*39　防衛省防衛研究所編、『東アジア戦略概観』2011、2011年3月、114頁。
*40　李而炳等『瓦解戦』(解放軍出版社、2010年) 20～21頁。
*41　Harlan K. Ullman and James P. Wade, *Shock & Awe*, Institute for National Strategic Studies, October 1996.
*42　李而炳等『瓦解戦』(北京、解放軍出版社、2010年)、19頁。
*43　「領海及び隣接区域法」(1992年2月25日第 7 期全国人民代表大会常務委員会第24回会議採択・中華人民共和国主席令第55号交付・同日施行) 第2章。
*44　呉勝利、胡彦林「鍛造適応我軍歴史使命要求的強大人民海軍」『求是』(北京、求是雑誌社、2007年第14期 (7月16日)、32頁。
*45　「調査？魚釣島1周半：侵犯中国船 海保の死角から侵入か」『産経新聞』2008.12.19付等。
*46　中国外交部の報道官は9月14日の定例記者会見で、全人代代表団の訪日延期、逮捕された中国漁船船長の早期釈放を求めた。その際に「中国は最も早く同島を発見し、管轄権を行使した国だ」と述べた上で、「京都大学の井上清教授の著書『「尖閣」列島─魚釣諸島の史的解明』を読まれることをお勧めする」と、尖閣諸島が歴史的にも国際法上でも明らかに「中国領」であると主張した同書を一読するよう促した。
http://www.excite.co.jp/News/chn_soc/20100915/Recordchina_20100915007.html (9月15日アクセス) 等。
*47　1949年、中華人民共和国成立以後、朝鮮戦争 (1950-53年)、台湾危機(1954年及び58年)、中印紛争(1962年)、対ソ国境紛争(1969年)、西沙諸島での南ヴェトナム軍艦との交戦(1974年)、ヴェトナム侵攻(1979年)、南沙諸島をめぐるヴェトナム軍艦との交戦(1988年)、台湾近海へのミサイル発射(1995年及び96年)などにおいて、武力を行使している。
*48　Michael Finnegan, "Managing Unmet Expectations in the U.S.-Japan Alliance," p.23.
*49　Michael Finnegan, "Managing Unmet Expectations in the U.S.-Japan Alliance," p.3.
*50　*Ibid.*, p.25.
*51　Andrew F. Krepinevich, *Why AirSea Battle?*, Center for Strategic and Budgetary Assessments, 2010, p.7.
*52　Jan van Tol, Mark Gunzinger, Andrew Krepinevich, and Jim Thomas, *AirSea Battle: A Point-of-Departure Operational Concept*, Center for Strategic and Budgetary Assessments, 2010, p.xii.
*53　Roger Cliff, Mark Burles, Michael S. Chase, Derek Eaton, Kevin L. Pollpeter, *Entering the Dragon's Lair: Chinese Anti access Strategies and Their Implications for the United States*, RAND Corp, 2007, p.xiv.
*54　Office of the Secretary of Defense, *Quadrennial Defense Review Report*, 2010, p.31.
*55　*Ibid.*, p.33.
*56　*Ibid.*, p.31.
*57　Roger Cliff, *Entering the Dragon's Lair*, p.112.

第2章

海洋戦略

第1節　国家海洋戦略

　毛沢東は、第1章「軍事戦略」のところで既述した積極防御戦略を確立しましたが、この構想は海洋における近海防御戦略を鼓舞し、名前を貸した形になっています*1。近海防御戦略は接近阻止・領域拒否（Anti-Access and Area Denial-A2/AD-）とコインの表裏の関係にあります*2。

　1980年代初頭、「現代条件下の人民戦争」の下、後述する「近海防御」を実現するために空間（第一列島線の内側）を確保しようとして打ち出されました。1993年頃からの「ハイテク条件下の局地戦争」を想定したドクトリンの下で、海洋権益の保護と海軍への任務が拡大し、そして近年の海軍の能力向上により、その具現化が図られつつあります。

　また中国は戦略的辺境として、台湾、チベット、新疆ウイグルを勢力圏としてきましたが、海洋にも、こうした核心利益を拡大していることから、海洋戦略としては「戦略的辺境」と「戦略的通路（海上交通路）」を防衛することを主眼としています。

　1990年代から中国は、アフリカ、中東、東南アジア、南太平洋、そして中南米といった海外に経済権益を拡張してきました。中国と、こうした各地とを結ぶ通商と海運を防護する海軍力が必要となってきます。特に成長する経済に国内のエネルギー資源が付いていかず、海外にそれを求めようとすれば当然、そのエネルギー・ルートを防護する必要が生じてきます。

　最近、とりわけ北京オリンピックを成功裏に終了させて以降、これまでの「韜光養晦(とうこうようかい)」から、相当攻勢的になっていることは既に記述しました。オリンピックの開会式には、思想の元祖としての孔子、火薬・羅針盤・紙

・活版印刷といった中国四大科学技術発明の象徴として紙を発明した蔡倫、そして14〜15世紀にかけて中東・アフリカに航海した鄭和が演出され、中国が海洋国家として躍進していく意図を感じさせます。これは、かつてビスマルクのドイツがロープロファイル大戦略をとっていたところから[*3]、その後のウイルヘルム2世の積極攻勢戦略に転じた時代を彷彿とさせます。

　まず、2008年10月に中国海軍戦闘艦艇としては初めてソブレメンヌイ級駆逐艦等4隻が津軽海峡を通過後、我が国を周回しました。同年11月には旅洲型駆逐艦等4隻が沖縄本島と宮古島の間を抜けて太平洋に進出しました。同年12月には海洋調査船2隻が尖閣諸島周辺の我が国領海内に侵入し、魚泊、徘徊し、国家海洋局長は「海監船は釣魚島海域に侵入し、実際の行動により中国政府の釣魚島問題に対する立場と主張を公に示した」旨発言しました。

　2009年になって、3月に南シナ海で活動していた米音響測定艦「インペッカブル」に中国の海軍情報収集船、トロール漁船等が接近、一部が妨害行為を実施しました。6月にはインドネシア領ナツナ諸島の排他的経済水域内で、インドネシアが中国漁船8隻及び乗組員77名を拿捕しましたが、中国側は7月の中国インドネシア外相会談で、同海域が中国の伝統的海域である旨を主張しています。7月末には東シナ海で中国南海艦隊の高速艦隊が海監・海警・海巡の部隊と協同し、海上対テロ実働演習を実施しました。9月にも東シナ海において海軍（病院船）・海巡・海監・海警・魚政等多くの部門が捜索救助演習に参加しました。そして12月に南シナ海の西沙群島で中国海軍艇がヴェトナム漁船を拿捕しました。

　2010年になってからは、まず3月に北海艦隊所属の旅洲型駆逐艦等6隻が沖縄本島と宮古島の間を抜けて太平洋に進出し、南シナ海で演習を行いました。4月には東海艦隊所属のキロ級潜水艦、ソブレメンヌイ級駆逐艦等10隻が沖縄本島と宮古島の間を抜けて太平洋に進出、その際海上自衛隊護衛艦に対して中国艦載ヘリコプターが接近飛行する事案が複数回発生しました。この演習は遠海機動作戦能力の向上を意図していたものと思われます。同じ4月には南シナ海でマレーシア軍艦が中国漁船団を追跡しています。5月には奄美大島沖の我が国の排他的経済水域における海上保安庁調査船に対し、海監船が接近・追跡し、中国は「中国の主張・管轄する海域における巡航・法執行任務」との見解を示しました。一方、南シナ海で

第2章　海洋戦略

は5月及び6月にインドネシア領ナツナ諸島の排他的経済水域内でインドネシアが中国漁船を拿捕、中国が「魚政311」からの警告により、その後解放した事案が発生し、同じ6月には中国当局船がヴェトナム漁船31隻を拿捕しました。7月には北海艦隊の旅洲型駆逐艦等2隻が沖縄本島と宮古島の間を抜けて太平洋に進出、東・南海艦隊の艦艇と合流し、南シナ海で中国海軍史上最大規模の3艦隊合同実弾演習をしています*4。同月の米韓軍事演習と同時期に南京軍区の砲兵部隊が黄海に向けて長距離ロケット砲の大規模演習を実施、そして9月には尖閣諸島周辺の我が国領海内において、中国漁船が海上保安庁巡視船に衝突しました。同年12月には韓国と同様の海上衝突事故を引き起こし、この時は死者まで出しました。

2011年になって、3月には航空機のY-8が尖閣諸島付近の領海から55kmまで接近したため航空自衛隊が戦闘機を緊急発進（スクランブル）、同月東シナ海ガス田「白樺」近くの日中中間線付近で、警戒監視中の海上自衛隊護衛艦「あさゆき」に中国国家海洋局のヘリコプターが約70mまで接近しています。6月にはソブレメンヌイ級駆逐艦3隻を含む11隻の艦隊が沖縄本島と宮古島の間を南下して西太平洋で演習を行いました。

2010年9月に中国政府が発行した『中国外交白書2010年版』には「中国外交における国境と海洋政策」と題する章が導入され、海洋戦略の重要性を強調、「海洋戦略は国家主権・安全保障・発展に係わる中国外交の重要な部分」との認識が示されています。こうしたことから、海上交通路の防衛・海洋資源確保等の国家戦略の一環として、建国以来、中国海軍を全面に活用した強力な国家海洋戦略を展開しようとしている意図が読み取れます。

海洋進出のパターン

海洋において中国が侵攻していく過程を辿ってみると、そこには一定のパターンがあります。

第一のパターンは、大国の力の空白に乗じて自己のプレゼンスを拡張するというパターンです。1973年に米国がヴェトナムから撤退し始めると、1974年には西沙群島に進出し始めます。そしてソ連海軍艦艇の活動がヴェトナムのカムラン湾から減少し始めた1984年の数年後、1987〜88年には南沙群島の西側に、さらに米国がフィリピンのクラーク空軍基地やスービック海軍基地を閉鎖した直後の1993年以降南沙群島の東側に進出し始めまし

た。従って沖縄から米軍が撤退すれば、その力の空白に乗じて中国は尖閣列島に侵攻するであろうことは、過去の行動の延長線から推測できます。

　第二のパターンは、最初に領有権の主張を行い、次いで海洋調査を開始し、次に海軍艦艇や航空機によるプレゼンスを図り、最後に実効支配するというパターンです。領有権主張の例としては1992年の領海法や2005年の反国家分裂法が挙げられます。東シナ海では1992年の領海法で既に尖閣列島を含む海域は中国の領海であると領有権の主張をし、その後周辺海域での海洋調査が活発化しています。2008年12月には中国海監総隊の船舶2隻が魚釣島領海内を約9時間半に亘り周回し、日本の抗議に対し劉建超外交部報道官は「船舶をいつ派遣して魚釣島のパトロールを行うかは、中国の内政事項。正常なパトロールであり、非難の余地なし」との声明を出しました。

　東シナ海では1990年代末から2000年にかけて海軍艦艇の活動が活発化します。例えば1994年には空母キティー・ホーク機動部隊に漢級潜水艦が接近する事案がありました。1999年には尖閣諸島付近で艦隊が遊弋し、2004年11月には漢級原子力潜水艦が日本の領海（宮古島と石垣島の間）を侵犯しました。2005年9月には春暁／白樺ガス田付近で駆逐艦が遊弋し、2006年10月には米空母キティー・ホークの魚雷発射距離内まで宋級潜水艦が近接しました。そして、ここ数年の東シナ海への海軍艦艇や空軍機のプレゼンスは目覚ましいものがあることから、既に第三の段階に至っていると思われます。

　南シナ海では建国当初から南沙、西沙諸島の領有権を主張、1984年から海洋調査が始まり、1987年にはユネスコとの間で海洋観測所の設置で合意して、これが1988年のヴェトナムとの軍事衝突の契機となりました。最近では海軍のプレゼンスも顕著であり、かつてフィリピンが領有していたミスチーフなどは事実上、中国が占拠していますので、一部の島は、第四段階まで至っていると解すべきでしょう。

　中国国家海洋局の学者が2004年5月に「沖ノ鳥島は島ではなく岩であり日本の排他的経済水域（EEZ）は存在しない」との主張をする論文を発表しました。その前後に国家海洋局の調査船が濃密な海洋調査を周辺海域で行っています。そして2009年6月に中国海軍の艦艇5隻が[*5]、また2010年4月にはキロ級潜水艦2隻を含む10隻の軍艦が沖ノ鳥島で軍事演習をしまし

た。したがって、この海域も既に第三段階に至っていると言えます。

　第三のパターンとしては、最初、民間あるいは商用としての港湾の租借や中国の投資による建設があり、次に公用・官の船舶の使用が始まり、最後に軍（海軍）も使用するという流れです。パキスタンのグアダルやスリランカのハンバントタ、ミャンマーのシットウェ、バングラデッシュのチッタゴンといった港湾施設は、中国の投資によって建設されており、現在のところ民間・商用としての体裁をとっています。

　しかし北朝鮮のロシア国境に近い、日本海に面した羅津港は、1991年から港湾ばかりでなくアクセスするための高速道路まで中国の投資によって建設されているところ、2011年1月15日付の朝鮮日報が、中国軍の進駐を報道しました。中国は、これを否定していますが、かつてアメリカのシンク・タンク、戦略国際問題研究所（Center for Strategic and International Studies-CSIS-）が「北朝鮮が不安定になった場合に中国は北朝鮮に軍を進駐させる」とする報告書を出していますので*6、根も葉もない報道ではないと思われます。

第2節　海軍戦略

歴史的経緯

　中華人民共和国設立以来、中国は旧ソ連が第一次大戦後に設立した"Young School"に海軍戦略を学びましたが、それは小艦艇や潜水艦による沿岸防御戦略でした。Young Schoolの「防御的かつ米帝国主義国に対抗する」というコンセプトが海のゲリラ戦を推進したい新生中国海軍にとって魅力的だったからです。中国人民解放軍海軍の生みの親である肖勁光海軍大将などは二度もモスクワに行って訓練を受け、ロシア語を流暢に話しました。当時の中国海軍の戦略は防勢的な性格でしたが、国民党が占領する島嶼を取得することに関しては攻勢的でした。当時の中国海軍の任務は、①国民党の海からの干渉を排除し安全な航海を確保する、②台湾統一のための準備、③海からの侵攻への対処、の三つでした。1950～60年代の思想混乱期を通じて、中国は核とミサイル、そして原子力潜水艦の開発投資に重点を移していきます*7。毛沢東は強力な海軍を組織しようとしましたが、朝鮮戦争でその考えを諦めざるを得ず、大躍進政策の失敗により制

約を受けます。

　1960年から1976年にかけては旧ソ連との対立が激しくなり、黒竜江省ウスリー川の中州、珍宝島（ダマンスキー島）での武力衝突が発生します。このため中国はソ連との陸上戦に備え、海軍はこれを沿岸から支援することになります。またこの時期、文化大革命が始まり、これを推進した毛沢東の下、革命思想を持つ兵士は育ちましたが、武器技術的には進歩が停滞します。この間の任務は陸軍の補助、近海における密輸・海賊・不法移民を取り締まるためのパトロール、人命救助や安全な航海の担保などとなっていました。日本の海上兵力再興に敵対することにも目が向けられています。この頃キューバ危機によって、その海洋力の弱さを露呈したソ連はゴルシコフ元帥の下で米国に比肩する海軍の増強に向かいます。

　これに対抗するため中国にも、これと似たような傾向が起こります。人海戦術はもはや海軍戦略としては適切なものとは見なされず、文化大革命終了後、ソ連の潜在的な沿岸域からの侵攻に備えるように海軍力を形成するようになります。同時に台湾は引き続き重要な問題であり、また南シナ海や尖閣列島をも含む東シナ海での領有権を主張し始めるのもこの頃です。

　鄧小平が権力を握る1970年代後半から、彼は海軍の役割を再強調し始め、1979年から海軍の予算が増加し始めます。1989年の天安事件までは米国との比較的良好な関係に支えられ LM2500 ガスタービン・エンジンや Mk-46 対潜水艦魚雷といった兵器も輸入できるようになりました。1982年に、西側では中国のマハンとして知られている [*8]劉華清（りゅうかせい）が海軍司令員に就任するや、彼は1985年に近海防御戦略を提起します。「近海」自体は地理的に定義されるものではなく「戦略情勢の発展と海軍の戦略能力の向上に伴い拡大する」としていますが、一般的には千島列島から日本を経て琉球諸島、台湾、フィリピン、ボルネオ、ナトゥナ諸島に至る、いわゆる第一列島線内の防御とされています。そして彼は、その戦略の第1段階として日本と朝鮮半島に面している黄海と東シナ海の西、台湾、南シナ海を死活的国益として領有権の主張や天然資源の確保に当たり、そして近海防御を2000年までに達成しようとします。現実には2010年の段階でも、その目標は達成されていませんが、顕著な進歩があったことは事実です。

　また劉華清は、第2段階として2020年までに第二列島線として、日本から小笠原列島マリアナ諸島、カロリン諸島に至る西太平洋のコントロール

を試みました。これは日本の基地を含む米軍の撤退を意味します。さらに彼は第3段階として2050年までにグローバルな海軍力を目指しました。中国海軍は、その目標の具現化として1997年に南西アジアと北・中南米に軍艦と補給艦を派遣し、また2002年には世界一周を、そして2009年には海賊対処のためにアデン湾に艦隊を展開させます。これは明王朝時代に鄭和が1405年から1433年の間、中東・アフリカ地域に船を派遣して以来のことです。

こうした各段階の地理的拡張は、逆説的に言えば大陸国的あるいは陸軍的発想で、元来海洋国家には「航行自由」の原則があるだけで地理的限界はありません。これには劉華清が元来陸軍将官としての経歴を持ち、地域防衛の概念を持っていたソ連の訓練を受けていた背景があるのでしょう。レニングラードにあるヴォロシロフ海軍学院でゴルシコフは劉華清の先生でした。ソ連の地域防衛の概念は最も内部の海域を「シー・コントロール・エリア」、その外側を「シー・デナイアル・エリア」として沿岸から約1500海里までを指し、その外側は長距離偵察や潜水艦による阻止を考えていますが、劉華清の第一及び第二列島線は中国沿岸から1350〜1500海里までの間です[*9]。この考え方は、劉華清の後任の海軍司令員である張連忠によっても、3つの海洋防衛エリアとして受け継がれます。中国から約1300海里ということは米国が海洋から発射できるトマホーク巡航ミサイルの射程を念頭においたものと思われます[*10]。

ちなみに昭和18年9月の御前会議で決定された「絶対国防圏」も、エリアとしては第二列島線である小笠原列島からマリアナ諸島と経てカロリン諸島に至る海域ですが、これも陸軍的発想であり、設定後あっという間に米機動艦隊によって破られてしまいました。

2000年以降の経済発展によっても、列島線の考え方は継承され、特に台湾が重要なポイントであることに変わりはありません。また1970年代のソ連が大陸間弾道ミサイルを搭載した原子力潜水艦を重視してバレンツ海やオホーツク海を聖域化したのと同様、中国も海南島に最新の晋級原子力潜水艦を配備して南シナ海を聖域化しようとしています。このように現在の中国海軍にはソ連・ロシアの海洋戦略の影響が色濃く残っていると言えましょう。

海洋の戦略的国益

1992年に行われた第14回党大会で、江沢民は中国軍の任務を「国家の統合、領土、そして海洋の権利と本土の利益を守る」としましたが、これが海洋の権利・利益について言及した最初です[*11]。彼は後に中国海軍を中国領海の主権の保護手段と述べ、1995年には「大陸国家であると同時に沿岸権力も」と述べましたが、これは2002年から江沢民の後を継いだ胡錦濤によっても継承され、繰り返し述べられています。この考え方は、かつて陸軍大国に引き続いて伝統的海洋戦略を模索したウイルヘルム2世のドイツや旧ソ連を思い浮かべます。

しかし、実際の行動としては主として1980年代から南シナ海に進出し、1980年に哨戒飛行の実施を決定して1983年までに、これを定常化させました。また1983年には中国海軍艦艇が南沙諸島南端まで初の訓練航海を実施し、1980年代を通じ、国家海洋局と共に「科学的調査」と称して海洋調査を行ってきました。1988年にはヴェトナムと交戦し、ファイアリー・クロス礁等6つの礁を占領しました。1994年にはフィリピンが領有権を主張するミスチーフ礁に施設を建設しました。

国際エネルギー機関（International Energy Agency-IEA-）によれば、中国は1993年以降、原油の純輸入国に、2003年には日本を抜いてアメリカに次ぐ原油の消費国になり、2020年には世界最大の原油消費国になると言われています。したがって、中国は経済成長に伴ってエネルギー資源を中東・アフリカに求めなければならない背景があります。このためパキスタンのグアダル港、またマラッカ海峡が西側海軍によってコントロールされた時、エネルギーを雲南省に運び込むためミャンマーのハインギ、アキャブ、メルグイといった港湾施設、そしてアンダマン諸島のココ島、ハンギ島における電波監視施設等が中国の投資によって建設されています。とりわけミャンマーでは2011年4月に西部のチャウピューと中国南部の雲南省を結ぶ鉄道を共同で建設する覚書に署名したと報じられました[*12]。

2009年1月から開始されたアデン湾の海賊対処に派遣された海軍部隊は、ヘリコプターの整備や遠隔地における通信、そして再補給、隊員の休養に苦労している模様ですが、オマーンのサラーラやカラチといった民間港湾や、この海域に派遣されている米海軍を始めとする他の海軍のリソースを活用しているようです[*13]。パキスタンのグアダル港は、対海賊派遣部隊が

第2章　海洋戦略

これまで一度も使用しておらず、また防空施設や抗堪性が欠落しているため有事脆弱であるばかりでなく平時でも、ここから中国内陸地に向けて石油パイプ・ラインを建設するにはテロリスト等からの攻撃に晒されたり、費用対効果の面からも問題があります*14。

中国海軍は近代的補給艦を、2010年時点で北海及び東海艦隊に2隻、南海艦隊には4隻配備していますが、本格的な外洋海軍として作戦するためには不足しています。さらに広海域を哨戒するためには海軍航空部隊が機能しなければなりませんが、官僚的な闘争の結果か、強力な地位を占めていません*15。

また「国家の統合」という第一の任務には台湾の併合が含まれていることは明らかです。ただ、2010年に中台間では両岸経済協力枠組協議（Economic Cooperation Framework Agreement-ECFA-）が正式に締結されたことから、一見、中国が台湾を軍事的に制圧する必要性が低下しているように見受けられます。また軍事的能力から見ても、海兵隊兵力は2個旅団で、これはどうやら南シナ海で島嶼占領のために使われる模様であり、台湾侵攻には主として陸軍が振り向けられると思われます。しかし、水陸両用戦艦艇は新しいType-071 ドック型（玉昭型—1番艦は「崑崙山」）

Type 071 Landing Platform Dock（インターネットから）

揚陸艦のほか、陸上兵力を搭載できる2000トン級の両用艦が約25隻であり、台湾攻略のための陸上兵力を輸送するだけの能力には欠けています。「崑崙山」は2007年に就役し、2010年には初めてソマリア沖に展開しましたが、米海軍のウイッビー・アイランド／ハーパス・フェリー型両用艦程度の約25年前の技術を使用しているとされています[*16]。

中国海軍の主任務

中国海軍の主要任務は、第一に本土防衛、第二に台湾侵攻に対する接近阻止／領域拒否であり、第三に海上交通路の防護等が挙げられます。

既述の如く、毛沢東の建国以来、中国海軍は主として沿岸を守る沿岸防御戦略をとってきました。1982年に、鄧小平の懐刀であった劉華清が中国海軍のトップとなってから、この沿岸防備戦略を近海防御戦略に転換し、日本列島から台湾、フィリピン、南沙に至るいわゆる第一列島線の制海確保を目指すようになります。

さらに2009年に胡錦涛軍事委員会主席は海軍の指導者に対して「近海総合作戦能力を向上させると同時に、逐次遠海防衛型に向かって転換し、遠海機動作戦能力を向上させ、国家の領海と海洋権益を守り、日々発展する海洋産業、海上運輸及びエネルギー資源の戦略ルートの安全を保護すべきである」と語り、「遠海防衛」の必要性を訴えました[*17]。

2009年4月、中国海軍創設60周年には、呉勝利海軍司令員が「今後、遠海訓練を常態化し、海軍の五大兵種（艦艇、潜水艦、航空機、海岸防衛、陸戦隊）は毎年数回部隊を組織し、遠洋訓練を行う」と発言しています。

ちなみに、2008年の国防白書では1回しか出てこなかった遠海域（distant waters）という言葉が、2010年の国防白書では3回に増えています[*18]。したがって、「沿岸」から「近海」に、さらに「遠海」へと活動海域を拡げる戦略に転換していると考えられます。米国防総省が公表した2009年版『中国の軍事力』にも、「遠海防衛」を Far Sea Defense として第一列島線を越える概念として捉えていますが[*19]、中国海軍の高官によれば、この「遠海」という概念には遠くインド洋やペルシャ湾も含まれているとしていますので、中国にとって重要なエネルギー輸送ルートを防衛する意図が含まれていると考えられます。さらには中国が経済的に進出しているアフリカ、中東、東南アジア、南太平洋諸国、そして中南米に繋がる

第2章　海洋戦略

海上交通路の防護する意図も垣間見ることができます。

　上記の戦略転換を示すものとして人民解放軍内部の国防方針から窺われる中国の海洋進出構想にも次の通りの構想が出ています。まず1982年から2000年までを「再建期」とし、沿岸海域の完全な防備態勢の整備を図る。次に2000年から2010年までを「躍進前期」とし、第一列島線内部の制海確保を図る。第三に2010年から2020年までを「躍進後期」とし、第二列島線（小笠原諸島からグアム）の制海権確保と空母建造を成し遂げる。第四に2020年から2040年までを「完成期」として米海軍による太平洋・インド洋の独占的支配を阻止する。最後に2040年に米海軍と対等な海軍を建設することになっています。

　しかし、米国と中国の国防費を比較してみても2010年時点で未だ8対1程度であり、上記のような目標が簡単に達成されるとは到底思えません。したがって、上記構想を実現するためには、米国と縄張りを決めるか、あるいは強者の米国に対し弱者の中国は「兵の形は実を避けて虚を撃つ」という非対象戦を挑む以外にありません。後者は A2/AD 戦略となって現れてきます。

　前者の表れとしては、2007年には米太平洋軍司令官キーティング海軍大将に対し、中国海軍の将官が真面目な顔で太平洋分割案を持ちかけ、米国とアジア・太平洋地域における同盟システムを崩壊させようとしました[※20]。この話は今に始まった訳でもなく、1990年代後半に元米国家安全保障会議上級アジア部長のマイケル・グリーンが未だ外交問題評議会にいた頃、中国を訪問した際にも同じことを言われています。ここに中国が、単に台湾の統一だけでなく地域覇権を目指し、ひいてはグローバル・パワーとなろうとしている意図を垣間見ることができるのです。

　したがって、台頭する中国に対して協調路線を採るべきだ、と主張する人がいますが、それはちょうど欧州の現状変更をもくろむヒットラーのナチス・ドイツに対して宥和（アピーズメント）政策を採って失敗したチェンバレンの英国と同じ結末を迎えることになると思われます。

　さて、最近の中国海軍の外洋進出に関しては、次のような目標があると考えられます。第一に中国の領土や領海を守るために可能な限り遠くの海域で敵の作戦を阻止することで、これは主として台湾の独立を阻止し台湾を支援する米海軍の接近を阻止すること、即ち第4節で述べる接近阻止・

領域拒否（Anti-Access/Area Denial-A2/AD-）が主眼と言えます。

　第二にはエネルギーの確保です。しかし中東からのエネルギー輸送路は西側、とりわけ米国の海軍力によってコントロールされているため、いざという場合のエネルギー確保上、解決策の一つとして東・南シナ海での海底油田・天然ガスの発掘が急務となってきていると同時に、中国はマラッカ海峡から中東・アフリカに至る原油輸送ルートを防護する必要性にかられています。

　第三には戦略第二撃としての戦略弾道ミサイル搭載原子力潜水艦（SSBN）の活動を聖域化する海域を確保したいと考えていると思われます。これは冷戦時代にソ連がバレンツ海やオホーツク海を聖域化したように、中国も南シナ海や東シナ海を聖域化し、そこから米国あるいはインドを狙える SSBN をパトロールさせたいと考えているのだと思います。現在中国が保有している最新の SSBN は晋級で、それに搭載している JL-2 は射程約8,000kmであることから南シナ海から米国の主要都市を狙うには射程が足りません。したがって、解決策としては彼等の対接近（Antiaccess）海域を拡大させ*21、東シナ海、場合によっては日本海をも聖域化するか、あるいは JL-2 の射程を伸長させる必要があります。ここに北朝鮮が不安定になった場合、中国が軍を駐留させてコントロールしようとしている*22、あるいは中国が韓国のイニシャティブによる朝鮮半島の統一を嫌っている理由があるように思われます。中国は渤海湾・黄海及び日本海西部を SSBN のために聖域化させたい意図を持っているのかもしれません。

第3節　現代のマハニズムとその限界

　上記を総合すると、拡張する経済発展のために海軍力を使用するということで、それは19世紀後半に『海上権力史論』を著した米海軍のアルフレッド・セイヤ・マハンを思い浮かべることができます。マハンは生産・通商、海運、植民地の3循環要素に海軍力を加えたものをシー・パワーと定義しました。中国は、現在植民地を保有していませんが、例えば進出しているアフリカ諸国に対し、中国からの輸出物資を中国通貨で支払わせる等、帝国主義的植民地の手法をとっていると言われています。*23。

　中国海軍の学校では、最近マハンの『海上権力史論』を教科書とし始

第2章　海洋戦略

ました。要するに中国が現在推進しようとしていることは現代のマハニズムということになるでしょう*24。ちなみに中国社会科学院の学者は「外国との貿易によって繁栄を建設しようとする大国は海洋に於ける安全を他国の手に委ねることはしない」としています*25。いずれにしても西側世界が、国際安全保障や相互依存を深めようとしている時に、19世紀帝国主義的マハンの思想が中国海軍戦略コミュニティーの主流となることは、時代の逆行現象であり*26、軍事戦略では煮ても焼いても食えない『孫子の兵法』を推進すること同様、近隣諸国にとっては厄介な問題です。

しかし、実は旧ソ連もかつてそれを追求しました。1950年代初頭、フルシチョフは海洋海軍化を宣言して海軍力の増強を図り、一時は米海軍に追い付き追い越すかもしれない、と騒がれましたが、旧ソ連の海軍戦略は瓦解し、蓋を開けてみたらソ連海軍は質的に劣っていたことが証明されています。旧ソ連は帝政ロシアの時代から、海軍は常に大陸軍の下に置かれる宿命にありました。

本来、海軍戦略のタイプとしてはマハン型の絶対的制海（Sea Control）あるいはコルベット型の相対的な制海（Command of the Sea）を追求するタイプと、旧ソ連や第一次及び第二次大戦時のドイツのように Sea Denial を追求するタイプとに大別することができます。Sea Denial 戦略を採用する海軍は、攻撃的方法を通じて劣勢海軍力が防衛的戦略を遂行するもので*27、沿岸海域に焦点を当て、重点兵器としては機雷、ミサイル、小水上艦艇、そして潜水艦、陸上基地に依存した航空機であり、中国海軍は、現時点でこの範疇に入るものと思われます。しかし最近の中国海軍は空母を保有して遠海域におけるエアー・カヴァーを確保し、様々な任務におけるヘリコプターの価値に気付いており、またソマリア沖を始めとしてグローバルな展開をし始めていることから、Sea Denial 戦略から米国やフランスのようなバランスのとれた海軍を目指してマハニズムに脱皮しつつあると捕らえることができます*28。

マハンは適切な前方展開の海軍基地を維持することが必要であると説きました*29。しかし中東、アフリカから中国に至るインド洋から南シナ海にかけての海上交通路に、中国は海軍基地を持っていません。ただ民間の港湾施設としてパキスタンのグワダル、スリランカのハンバントタ、ミャンマーのチッタゴン等に根拠地を有しています。中国の戦略としては、第1

節のパターンのところで述べたように、最初に民間施設を建設し、いずれは政府関連の船舶が寄港、最終的には軍艦の寄港を目指していると思われますが、これらの港湾施設は米海軍がグローバルに保有している海軍基地と違って、極めて敵の攻撃に対して脆弱です。マラッカ海峡を米海軍がコントロールしていることから、ミャンマーの港湾などから、いざという時にエネルギーを陸路中国本土にパイプ・ラインで運ぼうとする意図があるのでしょうが、これも有事には極めて脆弱と言えます。ここに中国海洋戦略の後方・補給面での弱点を垣間見ることができます。したがって、外洋海軍の建設までに時間がかかる中国海軍としては、当面米海軍が台湾支援のため、あるいは南及び東シナ海に接近することを阻止する戦略、接近阻止・領域拒否（Anti-Access/Area Denial-A2/AD-）戦略をとる必要があります。

第4節　A2／AD戦略

　まず米海軍及び、その同盟国である日本の海上自衛隊の兵力が接近することを阻止するためには、それらがどこにいるのかを探し出す必要があります。相手を見つけ出した後に攻撃を加える訳ですが、その手段としては海軍の兵器と海軍以外の兵器に分けて論じなければなりません。したがって、まず捜索・索敵手段について以下述べてみたいと思います。
　捜索手段として主力となるのは、偵察衛星です。中国は2010年11月までに30基の光学・合成開口レーダー（Synthetic Aperture Radar-SAR-）、赤外線、そして多重スペクトラ・インテリジェンス衛星を保有しています。中国人民解放軍は、また3基の煎餅（Jian Bing）3と12基の遥感（Yao Gan）偵察衛星を運用しています。煎餅3は光学と赤外線で解像度2m以下の画像を提供しており、それより進歩している遥感は12基中、7基が解像度0.6〜1mの電子光学を、残りの5基は合成開口レーダーで、解像度5mの全天候型画像を提供しているといわれています。
　30基の偵察衛星があれば、30〜35分のインターバルで目標を捜索することができ、他の超水平線（Over The Horizon-OTH-）レーダーや潜水艦、航空機、海上民兵といった捜索手段を総合的に活用すれば洋上水上艦艇の索敵は可能であると思われるところ、現在中国は、数ヶ月に一基の衛星を

第 2 章　海洋戦略

打ち上げていることから2014年までには偵察衛星だけでも洋上の米海軍・海上自衛隊の兵力は追尾できると思われます*30。

次に航空機ですが、2011年3月の尖閣諸島に飛来して航空自衛隊のスクランブルを受けた Y-8 は、最近中国空軍に4機追加され、同様に4機追加された A-50 メインステイと共に早期警戒（AWACS）機能を増大させています。これらは空軍に属していますが、中国はロシアの AT2M と呼ばれるデーター・リンク技術で、NATO のリンク16と同様、異軍種間のリアル・タイム・データー通信を可能にしています*31。

索敵後には、目標の位置通報を各部に行わなければ成りません。また攻撃するミサイルにも正確な位置情報を入力しなければなりませんが、その際に必要となるのは GPS です。ところが、現在世界で汎用されている GPS は米国の、GLONASS はロシアの、Galileo は欧州連合が開発した衛星によって運用されているので、有事中国が使えなくなることが予測されるため、中国は北斗（BeiDou）衛星測位システムを開発中です。北斗1は2000年から2007年までの間に4基打ち上げられ、現在も3基稼働していますが、中国とその周辺地域をカヴァーしています。北斗2（あるいは Compass）は最初の5基が打ち上げられ、地域のほとんどをカヴァーし、また2012年までに合計10基の衛星を打ち上げることによってアジア全域を、さらには2020年までに35基整備してグローバルな覆域を獲得する計画です*32。

この外にも、中国は沿岸部に、既述の OTH レーダーを配備したり、海洋調査船には電波探知装置を装備し、また700機以上の洋上で使用できる打撃航空機（1機につき2～4発の対艦巡航ミサイル、あるいはレーダー等の発射母体を攻撃する対レーダー・ミサイル-Anti-Radiation Missiles：ARMs を装備*33）や無人航空機（Unmanned Aerial Vehicle-UAV-）の整備も行っています。

海軍のA2／AD兵器

まず艦載の巡航ミサイルに関しては、ソブレメンヌイ級駆逐艦に搭載している SS-N-22（Sunburn）という超音速巡航ミサイルで、海上自衛隊はこの巡航ミサイルに対抗する手段を持っていません。「こんごう」級イージス艦ですら SS-N-22 巡航ミサイルの多方向集中攻撃に対して防御することは難しいであろうと中国の海軍専門家は認識しています*34。中国海

45

軍は、対艦巡航ミサイルを5クラスの駆逐艦中4クラスに、3クラスのフリゲート艦中2クラスに、7クラスの攻撃型潜水艦中5クラスに装備しています*35。

また2010年6月に米国防大学で行われた中国海軍の近代化に関するセミナーで、前第7艦隊司令官のクローダー退役海軍中将が特筆していたのが、高速攻撃艇（Fast Attack Craft-FACs）の紅稗（Houbei）級ミサイル艇（Type022）で、その保有数は2009年現在で60隻、生産が終了した暁には約100隻となり、このミサイル艇はA2/ADの単一任務と捉えることができるでしょう。

ミサイルの中には、既述のARMがありますが、中国は二種類のARMを保有しています。一つはイスラエル製のHarpyミサイルで約200kmの射程をもち、もう一つはロシアのKh-31P、NATOコード・ネームではAS-17クリプトンと呼ばれ、射程110～200km、精度はCEP（半数必中界）8mです*36。

これまで、巡航ミサイルが艦艇を撃沈した例としては、1967年エジプトがスティックスでイスラエルの駆逐艦エイラートを、1982年のフォークランド戦争でアルゼンチンのエグゾゼが英国のシェフィールドを、1987年にイラクのエグゾゼが米海軍駆逐艦のスタークをそれぞれ撃沈、2006年にはヒズボラがイスラエルのコルベット艦スピアーを中国製のC-802によって機能を失わせています*37。中国海軍は、現在ルダ級以外の13隻の駆逐艦（1隻当たり8～16発）と、ジャンウエイⅠ／Ⅱ級及びジャンカイⅠ／Ⅱ級を除く22隻のフリゲート艦（1隻当たり4～8発）に、こうした対艦巡航ミサイルを装備させています*38。

次に古典的な方策ですが、潜水艦があります。近年中国海軍の潜水艦建造に対する意欲は凄まじいものがあり、活動も活発化しています。2007年から2008年にかけて中国潜水艦の活動が倍になったとする米海軍情報局の報告がありましたが*39、活動の詳細は第5及び6章で詳述します。これらの潜水艦から発射されるSS-N-27B（Klub）あるいはSS-N-27（Sizzler）といった巡航ミサイルが米海軍や海上自衛隊にとって大きな脅威となります。中国海軍は、現在、合計29隻あるキロ級、元級、宋級の潜水艦にそれぞれ8発の対艦巡航ミサイルを装備させており、こうした潜水艦は年々増加しています*40。

第2章　海洋戦略

　また機雷もA2/AD戦略を遂行するのに極めて有効な兵器です。第二次大戦で機雷は米海軍の艦船が被った他の手段の4倍も多く被害を出しました*41。近年でも、米海軍は駆逐艦のサミエル・ロバーツ、巡洋艦のプリンストン、両用艦のトリポリが1980年後半から1990年初期にかけて、イラクの安価な機雷によって損傷を受けています*42。

　中国は、冷戦時代に米海軍が開発したCaptorに似た、深深海で敷設でき、魚雷をカプセル内蔵した潜水艦攻撃用の機雷の保有を提唱しています*43。また音響センサーでスクリュー音などを感知すると爆発する爆弾型の上昇機雷EM-52、あるいは深深度化と複合化による高性能の沈底機雷EM-53といった高度な水中機雷を保有しています。最近の上昇機雷は機動的な攻撃ができるロケット機雷に開発の焦点が当てられ、敵港湾への敷設にはロメオ級または明級といった旧式潜水艦が使用される模様です。また沈底機雷は、係維機雷と違って探知と機雷除去が極めて困難であり、専門家によれば「磁気、音響及び水圧の感応に時間的に適正な順序が要求される機雷の掃海は事実上不可能である」と述べており、最近、中国はパキスタンと共に高感度な発火機構を有する新世代の沈底機雷を開発したと報じられています*44。ただし、沈底機雷の作戦海域は200m以浅に限られます。なお2006年出版の人民解放軍海軍の定期刊行物『当代海軍』の中の記事では、核装備機雷の戦闘能力の価値についても言及しています*45。

海軍以外のA2／AD兵器

　現在、米軍海軍が最も神経を尖らせているのは対艦弾道ミサイル（Anti-Ship Ballistic Missile-ASBM-）で、これは海軍ではなく、第二砲兵に所属する兵器ですので、第5章の中国海軍の装備の前に、ここで触れておきたいと思います。

　中国は1990年代後期、局部戦争において第二砲兵を機能させるため、通常弾頭ミサイル部隊の設立を決定し、これに伴って戦略も「核常兼備（核戦力と通常戦力の配備）、戦慴相済（抑止力と実戦力の相互補完）」に転換しました。「核常兼備」には、核戦力による政治・外交闘争の後ろ盾や、通常戦争における核ミサイル部隊の抑止、通常弾頭ミサイルによる核反撃作戦支援、通常弾頭ミサイルによる長距離精密誘導攻撃といった機能があります。また「戦慴相済」には、強力な核弾頭と通常弾頭を備えた「実戦

力」によって戦争を抑止するという意味と、核戦力を後ろ盾に通常戦力を作戦手段として、二つの機能を総合的に発揮するという意味があります。

　中国沿岸域における弾道ミサイルの数は、ここ10年で顕著な増加を遂げており、かつ命中精度も向上してきました。米国防総省が『中国の軍事力』を議会に提出し始めたのは、2000会計年度の国防授権法からであり、その報告書の中で、台湾を狙う短射程弾道ミサイルの数を書き始めたのは2004年の報告書ですが、当時は約500発としていました[*46]。最新の2010年の報告書では、2009年12月の時点で1050〜1150発となっていますので[*47]、年間に約100発増加していることがわかります。

　米国のランド研究所は2000年と2009年に二度、台湾海峡を挟んでの軍事バランスについての報告書を出しました。それによると、今日では中国の弾道・巡航ミサイルが台湾の航空基地を一斉かつ精確に攻撃することにより、台湾空軍の戦闘機の出撃は阻害され、米国及び台湾は、深刻な被害から軍民のインフラを防護することが不可能になると指摘、さらには台湾だけでなく沖縄、九州、韓国の航空基地も同じ運命にあるとしています[*48]。

　ASBDは日本までの射程内に収めるDF-21/CSS-5を改良したD型（A型は潜水艦発射弾道ミサイルJL-1の派生型で射程を延伸したもの、B型は改良型終末誘導システムを搭載したもの、C型は機動弾道：Maneuverable Reentry Vehicle-MaRV-)で、大気圏突入時、翼を制御して対抗策を回避し、移動目標に向かって最終段階に方向転換させる弾道ミサイルで、射程はC型ともに最大1,500km（17分で目標に到達）、TEL(Transporter-Erector Launcher)と呼ばれる移動可能な輸送・起立・発射機から発射されます[*49]。

　しかしA・B型も射程は約2,500kmで更新されたGPSとレーダー相関の終末誘導システムを保有し、CEP（半数必中界）はA型で50m、B型では10mという精度を持っているとされています[*50]。このミサイルは2010年版『中国の軍事力』によれば85〜95発配備されています[*51]。なお、短射程の弾道ミサイルであるDF-15（改良型を含む）にもASBMの機能が付与されているものがあります。

　ASBDは米空母キラーと言われていますが、中国の弾道ミサイルにとって最も障害となる日米のイージス艦もターゲットとなることを米海軍の専門家は指摘しています[*52]。また中国の海軍専門家は、日本に対し、米国との共同作戦から離脱させるために、海上自衛隊のイージス艦に対して先

第 2 章　海洋戦略

制攻撃をかける可能性をほのめかしています*53。

　ASBM や MaRV には日米の弾道ミサイル防衛も有効に機能するとは思われません。なぜなら、迎撃するためのミサイルは、敵ミサイルの現在位置を狙うのではなく、迎撃ミサイルがインターセプトする未来位置に向けて発射されるところ、未来位置は過去の針路・速力を元に算出されるのですが、弾道ミサイルが途中で針路・速力を変更してしまえば、未来位置が狂って迎撃ミサイルが当たらなくなるからです。

　第二砲兵の近代化の特徴としては、固体燃料化による即応性の向上、多弾頭（MIRV）化、機動弾道（MaRV）化、対艦弾道ミサイル（ASBM）の開発、長射程潜水艦発射弾道ミサイル（SLBM）の開発、発射母体の機動化による残存性の向上、誘導装置の改良による命中精度の向上、短射程弾道ミサイルの射程の伸遠、そして長距離巡航ミサイルの保有といった点が挙げられます。

　海軍以外の A2/AD 兵器として、第二砲兵と共に忘れてならないのは空軍です。空軍は2009年に許其亮空軍司令員が「空天（航空宇宙）一体、攻

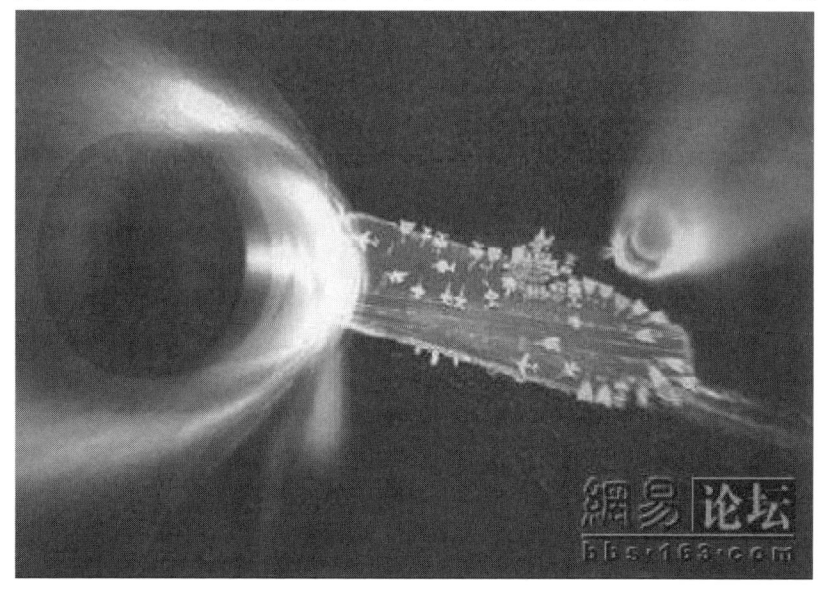

対艦弾道ミサイル(Anti-Ship Ballistic Missile-ASBM-)（中国のインターネットから）

防兼備」戦略への転換を提起しました。これは空軍が宇宙分野も担うことを意味しています。空軍戦略は拡大しており、領土、領海、領空ばかりでなく、海軍と同じく合法的管轄権を有する排他的経済水域と大陸棚海域上の海洋空間も含まれています。

空軍が保有する遠距離爆撃機としては、旧ソ連のTu-16 中型爆撃機であるH-6D、ロシアから購入したSu-30MKKが脅威となります。また、対照射兵器（Anti-radiation Weapons）と言って電磁波発射母体にホーミングしていく兵器があり、これにはロシア製のS-300 防空システムが元となって国産のFT-2000と呼ばれる早期警戒管制機（AWACS）キラーがあり、米空軍や航空自衛隊の偵察機能を著しく低下させると言われています*54。

空軍には戦闘機もありますが、これまでその行動範囲は限られてきました。しかし最近では空中給油機能を拡充して、行動半径を拡大しつつあります。2009年5月には、戦闘機J-8が南シナ海に赴き空中給油を実施しました。また、同年6月には広州軍区空軍所属の航空師団の戦闘機が初めて編隊を組んで空中給油を行った後、遠海訓練を実施しました。さらに、同年7月、南シナ海正面に配備されている第4世代戦闘機J-10に対する空中給油訓練が実施されました。ただ、同じ第4世代の戦闘機Su-30には、未だ空中給油を実施できる装備を有していないことから、戦闘機のA2/AD能力には限界があります。このため、中国は大型輸送機の開発と、それを空中給油機に改修することを目指していると思われます*55。

なお、何為栄空軍副司令員は2009年11月、中国中央テレビのインタビューで、第5世代戦闘機を開発中だと述べましたが、2011年1月にはゲイツ米国防長官の訪中に時期を併せて第5世代戦闘機とされるJ-20が、四川省成都で初の試験飛行を行いました。

---

*1 James R. Holmes and Toshi Yoshihara, Mao's 'Active Defense' Is Turning Offensive, *Proceedings*, U.S. Naval Institute, April 2011, p.25.
*2 Michael McDevitt and Frederic Vellucci, Two Vectors, One Navy, *Proceedings*, U.S. Naval Institute, April 2011, p.31.
*3 Toshi Yoshihara and James R. Holmes, *Red Star over the Pacific*, Naval Institute Press, 2010, p.44.
*4 防衛省防衛研究所編『中国安全保障レポート』平成23年3月、3頁。
*5 「沖ノ鳥島で軍事演習―中国海軍　近海、艦艇5隻を確認―」『産経新聞』平成21年7月16

第2章　海洋戦略

日

*6 Center for Strategic & International Studies, *Keeping an Eye on an Unruly Neighbor*, January 2008
*7 Bernard D. Cole, *The Great Wall at Sea second edition*, Naval Institute Press, 2010, pp.171-173.
*8 Toshi Yoshihara and James R. Holmes, *Red Star over the Pacific*, Naval Institute Press, 2010, p.24.
*9 Bernard D. Cole, *The Great Wall at Sea second edition*, Naval Institute Press, 2010, p.177.
*10 Michael McDevitt and Frederic Vellucci, Two Vectors, One Navy, *Proceedings*, U.S. Naval Institute, April 2011, p.32.
*11 Ping Kefu, "Development Strategy for Chinese Navy in 21st Century," *Jianchuan Zhishi*, no.8, August 1994, 2-3
*12 2011年4月28日付、ミャンマー国営各紙
*13 Bernard D. Cole, *The Great Wall at Sea second edition*, Naval Institute Press, 2010, p.191.
*14 Lieutenant Colonel Daniel J. Kostecka, U.S. Air Force Reserve, A Bogus Asian Pearl, *Proceedings*, U.S. Naval Institute, April 2011, pp.50 〜 51.
*15 Bernard D. Cole, *The Great Wall at Sea second edition*, Naval Institute Press, 2010, p.198.
*16 Craig Hooper and Commander David M. Slayton, U.S. Navy, The Real Game-Changers of the Pacific Basin, *Proceedings*, U.S. Naval Institute, April 2011, p.43.
*17 新華社『瞭望』(2009年第16期4月20日出版、総第1312期) 37頁。
*18 Information Office of the State Council of the People's Republic of China, *China's National Defense in 2008*, January 2009, p.23 及び *China's National Defense in 2010*, March 2011, pp.9, 15.
*19 Office of the Secretary of Defense, *Military Power of the People's Republic of China 2009*, p.18.
*20 *Keating: China proposed splitting the Pacific with the US*, East-Asia Intel.com, August 1, 2007.
*21 Toshi Yoshihara and James R. Holmes, *Red Star over the Pacific*, Naval Institute Press, 2010, p. 126.
*22 Center for Strategic & International Studies, *Keeping an Eye on an Unruly Neighbor*, January 2008.
*23 Eliza M. Johannes, Colonialism Redux, *Proceedings*, Naval Institute Press, April 2011, p.62.
*24 Toshi Yoshihara and James R. Holmes, Red Star over the Pacific, Naval Institute Press, 2010, Chapter 1, 2.
*25 Ye Hailin, *Beijing Review*, 2010
*26 Toshi Yoshihara and James R. Holmes, *Red Star over the Pacific*, Naval Institute Press, 2010, pp. 41, 42.
*27 *Ibid*, p. 73.

* 28 Michael McDevitt and Frederic Vellucci, Two Vectors, One Navy, *Proceedings*, U.S. Naval Institute, April 2011, p.34.
* 29 Alfred Thayer Mahan, *The Influence of Sea Power upon History 1660-1805*, Prentice-Hall Inc., p.64.
* 30 Vitaliy O. Pradun, From Bottle Rockets to Lightning Bolts, *Naval War College Review Volume 64, Number 2*, Spring 2011, pp.17, 20.
* 31 *Ibid.*, pp.18, 19.
* 32 *Ibid.*, p.19.
* 33 Vitaliy O. Pradun, From Bottle Rockets to Lightning Bolts, *Naval War College Review Volume 64, Number 2*, Spring 2011, p.23.
* 34 天鷹、「剣与盾―東亜水域的現代与金剛」『艦載武器』2007年3月、44頁。
* 35 Vitaliy O. Pradun, From Bottle Rockets to Lightning Bolts, *Naval War College Review Volume 64, Number 2*, Spring 2011, p.13.
* 36 Vitaliy O. Pradun, From Bottle Rockets to Lightning Bolts, *Naval War College Review Volume 64, Number 2*, Spring 2011, p.13.
* 37 Toshi Yoshihara and James R. Holmes, *Red Star over the Pacific*, Naval Institute Press, 2010, p. 93.
* 38 Vitaliy O. Pradun, From Bottle Rockets to Lightning Bolts, *Naval War College Review Volume 64, Number 2*, Spring 2011, p.24.
* 39 The ONI report was obtained by the Federation of American Scientists under the Freedom of Information Act. Hans Kristensen, "Chinese Submarine Patrols Doubles in 2008," Federation of American Scientist Strategic Security Blog, http://www/fas/org/blog/ssp/2009/02/patrols.php#more-731.
* 40 Vitaliy O. Pradun, From Bottle Rockets to Lightning Bolts, *Naval War College Review Volume 64, Number 2*, Spring 2011, p.24.
* 41 Director Expeditionary Warfare N85 and Program Executive Office Littoral and Mine Warfare, *21st Century U.S. Navy Mine Warfare: Ensuring Global Access and Commerce*, 2009, pp.7-8
* 42 Toshi Yoshihara and James R. Holmes, *Red Star over the Pacific*, Naval Institute Press, 2010, p. 94.
* 43 刘旭晖、"水鱼雷发展趋势深讨"、鱼雷技术、no. 2, June 2003, pp. 4?7.
* 44 Andrew S. Erickson, Lyle J. Goldstein, and William S. Murray, *Chinese Mine Warfare*, U.S. Naval War College, June 2009, pp.19, 21.
* 45 刘衍中、李祥、"实施智能攻击的现代水雷"、当代海军、July 2006, p. 29.
* 46 Office of the Secretary of Defense, *Annual Report to Congress: Military Power of the People's Republic of China*, May 2004, p.23.
* 47 Office of the Secretary of Defense, *Annual Report to Congress: Military and Security Developments Involving the People's Republic of China 2010*, August 2010, p.11.
* 48 David A. Shlapak, David T. Orletsky, Toy I. Reid, Murray Scot Tanner, and Barry Wilson, *A Question of Balance: Political Context and Military Aspects of the China-Taiwan Dispute*, RAND, 2009, p.126. CEP（半数必中界）約25mのミサイル2発

による82の誘発爆弾により、70％の確率で滑走路が使用できなくなるとされている。
* 49 Vitaliy O. Pradun, From Bottle Rockets to Lightning Bolts, *Naval War College Review Volume 64, Number 2*, Spring 2011, p.25.
* 50 *Ibid*, p.12.
* 51 Office of the Secretary of Defense, *Annual Report to Congress: Military and Security Developments Involving the People's Republic of China 2010*, August 2010, p.66.
* 52 Toshi Yoshihara and James R. Holmes, *Red Star over the Pacific*, Naval Institute Press, 2010, pｐ.117,121,123.
* 53 呉紅民、「目標―金剛　虚偽戦場」『艦載武器』2004年6月、87頁。
* 54 Toshi Yoshihara and James R. Holmes, *Red Star over the Pacific*, Naval Institute Press, 2010, pp. 91, 92.
* 55 防衛省防衛研究所編『中国安全保障レポート』平成23年3月、15頁。

第3章

中国海軍の組織編成

　中国の憲法は第93条で「(国家) 中央軍事委員会が全国の武装力を指導する」と定め、国防法では、中央軍事委員会が軍の最高指導者として、全ての軍隊、武装部隊（武装警察と民兵）を指揮し指導することを規定しています。それゆえ、軍事指揮組織は、中央軍事委員会を頂点に組織されますが、同時に、中国共産党の党軍として、党の絶対的な指導が行われる制度がこれに組み込まれています。これを具現化しているのが、「監軍」（軍を監督する組織）のための党政治委員制度です。「党が鉄砲を指揮する」ことを絶対的ならしめるため、指揮統制上の組織とともに、この制度がどのように重なっているのかこれから見ていきたいと思います。
　その前にまず、組織編成の特徴や複雑性に関わる事項をあげておきたいと思います。
　第1に、中国海軍は、後述するように北海、東海、南海の艦隊に別れていますが、各艦隊を統合して作戦する能力に関しては未知数のところがあります。各艦隊は、陸軍軍管区に統制されることがあり、3つの艦隊が共通した作戦構想に基づいているかどうかについても疑問が残ります。
　第2に、3個艦隊は地理的に分かれていますが、歴史的に、また潜在的脅威に対抗するように構成されていると考えられます。北海艦隊は日本を基地とする米海軍を主な脅威としているため潜水艦部隊の大半を集中させ、同時にロシア・韓国・日本をも対象としています。東海艦隊は米国が支援する台湾・国民党政権に対抗すると共に尖閣列島や紛争中の東シナ海海底資源をも責任エリアとしています。南海艦隊は、当初東南アジア条約機構（SEATO）に備えていましたが、南シナ海における領土紛争中の西沙・

南沙諸島、ナトゥナ諸島、中沙諸島を担当エリアとするとするものです*1。

第3に、最近では、平素からの行動海域の拡がりとともに、任務に即した艦隊区分の考え方も現れていることが指摘されています。一個艦隊は日本・韓国周辺のパトロール、次の艦隊は西太平洋の作戦に、もう一つの艦隊はインド洋やマラッカ海峡の海上交通路（Sea Lines of Communication － SLOC －）防衛に充当するという考え方です*2。海軍の活動の遠洋化、多正面化に伴い、こうした任務性を帯びた役割を、既存の艦隊組織に重ねていっているように観察できます。例えばアデン湾に海賊対策のために派遣された海軍部隊はほとんど南海艦隊から出ており、インド洋やマラッカ海峡のSLOC防衛は南海艦隊に主として受け持たせていることが窺えます。

第1節　各軍種に対する中央の指揮組織

はじめに、中央の指揮組織から見ていきます。

中央軍事委員会のもとに4つの総部があり、総政治部は政治委員制度を通じて、党の軍隊である人民解放軍を統制しています。また、軍法・軍事検察機関も管轄しています。総参謀部は軍令機関であり、他国は国防省に隷属していますが、中国の場合、図のように中国軍事委員会に直属しています。総後勤部は後方勤務部門を一元管理しています。総装備部は、その名のとおり装備部門を一元管理しています。

海軍は、陸軍の7個の軍区、空軍及び第二砲兵と並んで、それらの下に置かれ、司令部を北京に置いています。

第2節　海軍の組織

海軍司令部には、軍令、軍政両面を掌る4つの部（司令部、政治部、後勤部、装備部）があり、その下に3つの艦隊があります。司令部は指揮組織であり、総参謀部を通じて中央軍事委員会の指示を受け、自軍の建設、

第3章　中国海軍の組織編成

訓練、軍事行政などを行い、作戦指揮権を持ちます。政治部は、政治面の指導的組織であり、政治宣伝の部署もあり、法廷や監察の機能も持っています。後勤部は、後方支援管理の指導的組織であり、会計検査、エンジニアリング設計、財政、健康、交通、港湾・空域・兵舎管理、需品、器材、燃料などの機能を掌る部署を持ちます。装備部は、装備・武器システム全ての技術支援に責任を持つ部署です。海軍が使う装備の計画、理論評価、技術設計、建造設計、建造中の検査、試験評価、配備、改修支援などに責任を有します。

　艦隊組織としては海軍司令部の下、3つの艦隊が組織されていますが、それらが受け持つ作戦海域は、北の北朝鮮国境から南のヴェトナム国境まで、総延長18,400キロの海岸線に沿って3つに区分されています。それぞれを、北海艦隊、東海艦隊、南海艦隊が担当しており、各艦隊司令部は、司令部と政治部があり、その隷下の海軍力を統括します。それぞれの艦隊は、2個潜水艦支隊、3個の駆逐艦やフリゲートの支隊を有し、また艦隊航空兵力として、概ね3個師団程度を有しています。艦隊航空機の総数は800機[3]にのぼります。

海軍の編成

司令部所在地と主な基地・港湾

海軍司令部
- 司令部
- 政治部
- 後勤部
- 装備部

艦隊司令部
- 潜水艦支隊
- 駆逐艦支隊
- 航空兵支隊
- 両用戦支隊
etc.

海軍司令部：北京
北海艦隊司令部
- 葫蘆島
- 旅順
- 威海
- 青島
- 膠州湾

東海艦隊司令部
- 上海
- 寧波
- 舟山
- 福建
- 廈門

南海艦隊司令部
- 汕頭
- 広州
- 湛江
- 北海
- 楡林
- ヤーロン

北海艦隊

北海艦隊の所轄海域は、北朝 の国境から北緯35度10分までで、首都北京と中国東北地域の防衛に関わります。山東省 島市に艦隊司令部があり、大きく遼東半島と山東半島の2つの場所に部隊 備されており、基地は 島のほか、旅順や威海、小平島、大沽、旅大、連 、膠州湾などにあります。葫蘆島ではミサイル試験、研究開発も行われています。

作戦艦艇部隊は、駆逐艦 フリゲート支隊、原子力 通常型潜水艦支隊、2個 速艇支隊、両用艦支隊、掃海部隊、渤海訓練支隊等によって構成され、駆逐艦約10隻、フリゲート艦約10隻、原子力潜水艦が4隻、通常型潜水艦が約15隻、主な両用戦艦2〜4隻、補給艦2隻*4等が 備されています。航空兵力は戦闘機師団、爆撃機師団、戦闘機・爆撃機混合師団、水上機団、艦載ヘリコプター団を有しています。またレーダー旅団と対空砲連隊があります。

基地によっては、沿岸警備・防衛、漁船保護を行う水警区 水上警備区 が置かれ、また、沿岸防備隊には、地対艦ミサイル連隊などが 備されています。基地司令部には、司令部、政治部のほかに、海軍司令部同様、後勤部、装備部がおかれ、艦艇の後方支援態勢が敷かれています。

沿岸部に所在する各海軍基地の司令部機能が後方支援機能に特化する方向にあり、これまで基地司令部の指揮を受けていた艦艇部隊などは、ひとつ上の艦隊司令部から直接指揮を受けるようになっていると言われています。中間司令部をパイパスして艦艇部隊を指揮・統制できる背景には、中

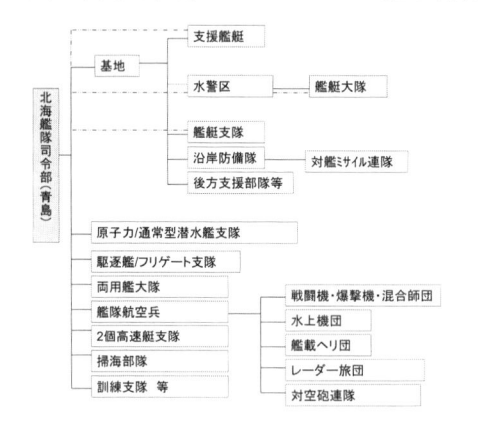

注 陸易「中国 台湾海軍の組織と編成」『世界の艦船別冊 中国台湾海軍ハンドブック 改定第2版』(2003年、海人社 38頁、「艦隊の編成」『中国軍事用語辞典』 茅原郁生編著、2006年、蒼々社 p.449. Office of Naval Intelligence, China's Navy 2007、Bernard D. Cole, *The Great Wall at Sea second edition*, Naval Institute Press, 2010, p.73 等を参考に作成。

第　章　中国海軍の組織編成

国の情報通信技術と情報処理技術の　まりがあります。

東海艦隊

東海艦隊は、上海を中心とする　度成　地域に　する海域である北緯35度10分から23度30分を担当しており、台湾海峡を含んだ海域を所轄しています。司令部は浙江省寧波市にあり、基地は上海、舟山、福建、鎮江、呉淞、温州、厦　などにあります。

作戦艦艇の編成は、駆逐艦　フリゲート支隊、通常型潜水艦支隊、2個両用艦支隊、2個　速艇支隊、掃海部隊、支援艦支隊があり、駆逐艦約10隻、フリゲート艦約25隻、通常型潜水艦約15隻、主な両用戦艦約15隻、補給艦2隻*5等が　備されています。航空兵力は戦　機・爆撃機混合師団、戦　機師団、爆撃機・偵察機混合団、艦載ヘリコプター団、レーダー旅団があります。

基地によっては水警区が置かれ、基地の沿岸防備隊には、　射砲兵連隊、地対艦ミサイル大隊などが置かれています。

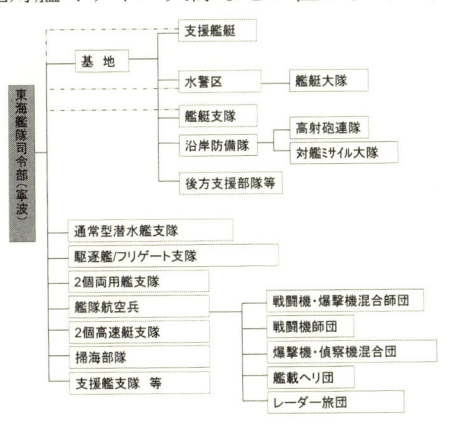

注　陸易「中国　台湾海軍の組織と編成」『世界の艦船別冊　中国台湾海軍ハンドブック　改定第2版』(2003年、海人社　38頁、「艦隊の編成」『中国軍事用語辞典』　茅原郁生編著、2006年、蒼々社　p.449. Office of Naval Intelligence, China's Navy 2007、Bernard D. Cole, *The Great Wall at Sea second edition*, Naval Institute Press, 2010, p.74等を参考に作成。

南海艦隊

南海艦隊の所轄海域は、福建省からヴェトナム国境までの海域及び南海諸島　西沙、南沙　全域が入っています。艦隊司令部は広東省湛江市にあり、基地は、汕頭、広州、楡林、北海、海口、西沙　永興島　などにあります。海南島のヤーロンには新しい基地が建設されています。潜水艦基地

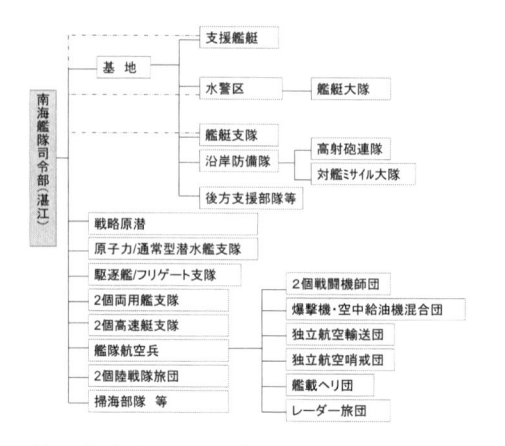

```
南海艦隊司令部(湛江)
├─ 基 地 ─┬─ 支援艦艇
│         ├─ 水警区 ─── 艦艇大隊
│         ├─ 艦艇支隊
│         ├─ 沿岸防備隊 ─┬─ 高射砲連隊
│         │              └─ 対艦ミサイル大隊
│         └─ 後方支援部隊 等
├─ 戦略原潜
├─ 原子力/通常型潜水艦支隊
├─ 駆逐艦/フリゲート支隊
├─ 2個両用艦支隊 ─── 2個戦闘機師団
├─ 2個高速艇支隊 ─── 爆撃機・空中給油機混合団
├─ 艦隊航空兵 ─── 独立航空輸送団
├─ 2個陸戦隊旅団 ─── 独立航空哨戒団
├─ 掃海部隊 等 ─── 艦載ヘリ団
                    └─ レーダー旅団
```

注 陸易「中国 台湾海軍の組織と編成」『世界の艦船別冊 中国台湾海軍ハンドブック 改定第2版』(2003年、海人社 38頁、「艦隊の編成」『中国軍事用語辞典』茅原郁生編著、2006年、蒼々社 p.449. Office of Naval Intelligence, China's Navy 2007、Bernard D. Cole, *The Great Wall at Sea second edition*, Naval Institute Press, 2010, p.75-76 等を参考に作成。

は地下化され、トンネルの中に作られています。

　作戦艦艇の編成は、戦略原潜、原子力　通常型潜水艦支隊、駆逐艦　フリゲート支隊及び2個両用艦支隊、2個　速艇支隊、掃海部隊、支援艦支隊等によって構成されており、駆逐艦約10隻、フリゲート艦約20隻、原子力潜水艦4隻、通常潜水艦約15隻、主な両用戦艦10～15隻、補給艦4隻*6等が　備されています。航空兵力は南海諸島の複　な情勢を考慮に入れ、戦闘機師団2個、爆撃機・空中給油機混合団、艦載ヘリコプター団、レーダー旅団を有するほか、他艦隊には無い西沙補給専門の独立航空輸送団と南沙哨戒専門の独立航空哨戒団を編成しています。また、2つの海軍陸戦隊旅団を有します。

　この海軍陸戦隊は、いわゆる海兵隊に相当する組織であり、その創設は1954年に遡りますが、1950年代後半に軍の再編に伴い解体され、一端は陸軍に移されたものです。しかし、1974年の西沙諸島の戦いにおける陸軍の拙劣さを見た中央軍事委員会は、海兵隊組織の必要性を考慮し始め、1980年5月、南海艦隊に属するかたちで第1海兵旅団を編成しています。また、1997年から99年の3年間で兵員が50万人削減されるという計画の下、陸軍第164師団が縮小され、第164海兵旅団へと改組し、南海艦隊に置かれました。

　現在は、それぞれの旅団が、5,000～6,000名の兵員を有しており、両旅団は装備　で違いが見られるものの、組織機構は概ね共通であり、①水陸両用戦車又は強襲車を30から40両を有する水陸両用機甲大隊を1ないし2

第3章　中国海軍の組織編成

個、②水陸両用歩兵戦闘車又は装甲兵員輸送車を30〜40両を有する歩兵大隊を4から5個、③潜水工作員、特殊作戦部隊、及び約30名程度の女性隊員の部隊から成ると思われる水陸両用偵察部隊、④自走砲大隊、⑤対戦車ミサイル中隊と携帯対空ミサイル中隊から成るミサイル大隊、⑥工兵・化学防護大隊、⑦警備・通信大隊、⑧整備大隊で構成されています。陸戦隊の数個中隊が南シナ海の西沙諸島や南沙諸島の岩礁や島にある前哨基地に駐屯しています。訓練は、雷州半島、汕尾、広東省北部などの水陸両用訓練場で、南海艦隊の揚陸艦やヘリコプターとともに行っています*7。また、ジェーン年鑑によれば、戦時は28,000名になる*8とされています。

党政治委員会制度と政治部行政組織

　解放軍は、党の軍に対する絶対的な指導性を具現化するための政治的機関として、党政治委員会制度により、軍区、集団軍、師団、旅団、連隊には党委員会が設置され、軍事作戦の方針と計画、部隊の思想教育、幹部人事などの重要問題について決定し、統一的な指導を行っています。海軍では艦隊の支隊、航空兵連隊、沿岸防備隊隷下の連隊など、連隊以上の組織に党委員会を設置しています。また大隊レベルの司令部には、基礎党委員会があり、小さな組織単位には党総支部がおかれています。全ての連隊以上の組織は年に2回総会をもち、5年に一度は党代表大会を開いて5年間の総括や次期党委員会の新メンバーを決定しています。大隊や中隊レベル、及び党員が200人に満たないところでは軍隊党員大会を開いています。
　また、政治部の組織は、軍に対する中国共産党の路線・方針を徹底し、思想教育や監督を行っています。軍区から師団レベルまでは政治部を、旅団から連隊レベルまでは政治処等の政治機関を設置しています。分野ごと各級政治部組織は階層化されています。例えば、宣伝に関わる分野では、海軍司令部には、政治宣伝部が置かれ、艦隊司令部や基地には、政治宣伝司令処、艦艇部隊や海兵旅団には政治宣伝科が置かれています。
　このような中国共産党中央軍事委員会を頂点に各部隊におかれる党委員会、及び中央軍事委員会に設置される総政治部と各級政治部による政治委員の政治工作の指導の仕組みは、孫文がソ連から導入し、後に毛沢東が紅軍で実践した制度で、それが今日まで継続しているものです。
　その仕組みのため、解放軍内には部隊の作戦指揮、運用に当たる軍令系

の指揮官、副司令官の他に、これらと並列して同階級の軍人である政治委員、副政治委員が配置されています。各級司令部に軍事部門の司令員と並んで政治員（将校）を配置するという「軍内二元指揮」の制度となっている訳です。政治委員の職権は軍内の政治教育や人事管理、士気の高揚、規律の維持などに当たるものですが、軍の作戦指揮や行動命令にも関与しており、軍事計画、作戦指揮及び作戦命令の発令などについても政治委員の連署が必要になるとされています。政治士官としては、連隊以上の政治委員のほか、大隊レベルでは教導員が、中隊レベルでは指導員が置かれます。中隊や大隊レベルの政治士官は、昇任に関わる情報を集め、また党員選抜のプロセスを管理する責任を有しています。政治委員を配置し、人事権を握るとともに、党側からの指令と監視が軍事組織全体に徹底される仕組みになっているのです。

政治機関内の民衆工作と司法組織

政治部は政治面の指導的組織であり、群衆工作に関わる部署や司法組織も持っています。

群衆工作については「中国人民解放軍政治工作条例」第14条に中国人民解放軍政治工作の主要内容が示されており、その12番目に、「群衆工作」について「軍政と軍民関係の問題を正確に処理し、軍政と軍民の団結を維持し護る。国家と地方の関係部門が教導して国防教育を発展させる」[*9]と書かれています。このように、政治機関の重要な任務に「群衆工作」という民衆に対する活動があるのです。例えば、軍事科学院の上級大佐は、「政治機関内には群衆工作部や処が設けられ、軍隊と民衆との間に摩擦が生じていないかをチェックし、問題を見つけた場合は、所属部隊等に連絡し、地方政府と協調を図るようにしている」[*10]と発言しています。

また中国軍の司法組織は軍事法院、軍事検察院、保衛部門から成ります。海軍では、軍事法廷と検察は海軍司令部とそれぞれの艦隊司令部に設けられていますが、組織上は、党委員会にも政治部組織にも隷属しておらず、審理は独立的立場を持って実施していると言われます。しかし実際は、政治部の機能に組み込まれている[*11]と指摘されています。

*1 Bernard D. Cole, *The Great Wall at Sea second edition*, Naval Institute Press, 2010,

pp.11-12, 83.
*2 David Lei, *China's New Multi-Faceted Maritime Strategy*, Orbis (Winter 2008, Vol.52, No.1), p.3.
*3 Commodore Stephen Saunders RN, *Jane's Fighting Ships 2010-2011*, HIS Jane's, p.127.
*4 隻数については、Commodore Stephen Saunders RN, *Jane's Fighting Ships 2010-2011*, HIS Jane's, p.127-167. 及び Bernard D. Cole, *The Great Wall at Sea second edition*, Naval Institute Press, 2010, p.198. を参考に算出した。
*5 同上。
*6 同上。
*7 Dennis J. Blasko, "China's Marines: Less is More", *China Brief Volume 10 issue 24*, The JAMESTOWN Foundation, 2010.
*8 Commodore Stephen Saunders RN, *Jane's Fighting Ships 2010-2011*, HIS Jane's, p.127.
*9 「中国人民解放軍政治工作条例（2003年12月5日）」、『十六大以来重要文献選編』（中共中央文献研究室編、北京、2005年）521頁。
*10 「北東アジア安全保障フォーラム2010」における軍事科学院の陳舟上級大佐の発言。『第33次訪中団報告書（22.6.2-6.11）』（中国政治経済懇談会、平成22年8月25日）35頁）。
*11 Office of Naval Intelligence, *China's Navy 2007*, p.22.

第4章

中国海軍の人事、教育、訓練

　1950年に創設された当時の中国海軍は45万人規模でしたが、間もなく縮小されました。1995年の時点で総人員は27万人、中国人民解放軍全体の約9％を占めていました。1997年に江沢民が表明した50万人の削減計画の完成により、2001年には約22万5,000人となりましたが、最近の海軍近代化計画に伴い、その後29万人に増加している模様です*1。

　その中で水上艦艇・潜水艦といった艦艇に従事している人員は10万7,000人であり、人員：艦艇比は535です。これを他のアジア諸国と比較してみると、韓国が525、台湾が480、日本が470、米太平洋艦隊は430となり、中国海軍の人的資源活用の効率性を量れます*2。中国海軍は、毛沢東の人海戦術から「軍事における革命」（RMA）を成し遂げようとしているように観られますが、その中にあっても、人数的な資源の豊富さは変わらないものと思われます。

　3個艦隊間では正式な訓練指導に関する調整組織はなく*3、また7つの統合教育・訓練基地はあるものの、3個艦隊の訓練規則には顕著な相違点があり、艦隊間の作戦は複雑な状況を呈している*4と言われています。また装備を使いこなす人員、とりわけ増勢している潜水艦に配員する高度に知的で心理的に適合した献身的な人員は不足している*5だろうと思われます。

　海軍力の根本は「人」であり、海洋で活躍する意思と能力のあるシーマンシップ・センス、科学技術を使いこなすテクノロジー・センス、近代的な要請としての合同・統合センス、そして海軍戦略・戦術的センスに優れた人をもって如何に部隊を構成するかが鍵となります。中国海軍がこの様な問題にどのように取り組んでいるか解放軍の施策とともに見ていきたいと思います。

第1節　人材確保の人事、教育施策

　鄧小平が「各級将校は全て将校学校で訓練を受けなければならない。これは制度化しなければならない」*6と述べて以来、人材育成の制度化が進んできました。

　2003年8月には、中央軍事委員会は「人材戦略プロジェクト計画」で、情報化時代の戦争に役立つ指揮官、参謀、科学者、技術専門家、下士官を育成する方針を打ち出し、2008年の国防白書では、この「人材戦略プロジェクト」を推し進めて、合同戦闘指揮人材とハイレベルの専門技術人材の育成に重点を置いていることを述べ*7、2010年の国防白書でも、引き続き素養の高い新たな軍事的人材の育成に努めていることを述べています。そして、「軍隊ハイレベル技術革新のための人材プロジェクト実施要領」を公布・施行し、「2年ごとに、200名の科学技術分野で軍隊を指揮する人材及び学科で抜きんでた人材を重点的に選抜・育成し、技術革新能力を向上させることを重視した」*8としています。

　2007年10月に中央軍事委員会の認可の下、4総部は「中国人民解放軍の大学・学校の学生募集活動条例」を共同公布して、一般高校卒業生から兵士学員を募集する活動を系統化しました。2007年末に国家教育部と総政治部は共同で会議を開き、一般高等教育からの軍隊幹部養成の問題を検討しています。2008年の国防白書は、「約1,000の一般高校を選び、国防生（卒業後国防関係の仕事に就く人材）の募集基地を設立した」*9と述べています。

　また中央軍事委員会は、2008年4月に「軍隊幹部育成活動を強化、改善する意見」を公布し、「大学教育と部隊訓練を組み合わせ、軍事教育を行うことと、民間の教育に頼ることをともに重視」することを明確に打ち出しており、2008年には、卒業後に国防関係の仕事につく人材の養成を行う一般大学が、全国で117箇所にのぼった*10ことを明らかにしています。彼らは、在学中に俸給をもらって夏季訓練を受け、大学卒業後は数ヶ月の教育訓練を受けた後、任務に就くことになります。

　国防生ではない一般の大学卒業生が士官候補生に選抜された場合は、1年間大連艦艇学院で訓練を受けてから作戦部隊に配置されることになります。

第4章　中国海軍の人事、教育、訓練

また中国人民解放軍は、1998年に「正税養軍（税金で軍人を養う）」方針を決定し、軍と警察の商業従事を禁止しました。2007年には中央軍事委員会は軍人の賃金を引き上げ、「高薪養軍（高給で軍人を養う）」に進歩させています。軍人の処遇は、国内における上級レベルの生活水準にまで到達していると言われています。能力のある青年やとりわけハイテクに長けた人材登用の環境がつくられてきていると言えます。

第2節　解放軍及び海軍の教育機関と士官教育

まず中央軍事委員会直属の国防大学（北京市の紅山口）をとりあげます。これは、1980年代に軍事学院、政治学院及び後勤学院を合併させてできたもので、軍の最高学府となっており、校長及び政治委員には中将が充てられています。その教育方針は、「世界、未来及び現代化に向かう」[11]というもので、軍の高級指揮官、高級機関の参謀将校、高級理論研究員を育成しています。教学科学研修機構には、戦略、戦役、マルクス主義、情報作戦・指揮訓練、軍隊建設・軍隊政治工作、軍事後勤・軍事装備などの教育研究部を擁しています[12]。

他の大学については、現代化を目指す中で、1999年7月から軍学校の統廃合が行われ、総合的な教育を行う5つの大学が創設されています。かつてあった南京の海軍電気工学学院と武漢の海軍工学学院を統合してできた海軍工程大学（湖北省武漢）はその内の一つで、水上艦艇の機関、造船、計器、艦砲、水中武器、消磁、電算機などの製造、運用、保守等の教育、研究を行い、艦艇武器装備技術士官を養成しています。基本的には四年制で各学年1,000人、女子学生は各学年50人程度です。海軍において修士や博士号を授与する最初の機関となりました。統廃合によりできた解放軍の他の大学には、中央軍事委員会指導の軍直属の三軍統合大学で、偵察監視技術、偽装・ステルス技術、精密誘導技術、電子・情報戦技術などの各種教育を行う国防科学技術大学（湖南省長沙）があります。

5つの大学の内2校について述べましたが、あとの3校は、情報工程大学（河南省鄭洲）、南京理工大学（江蘇省）、及び空軍工程大学（陝西省西安）です。

海軍の教育機関としては、海軍工程大学のほか、各学院があります。ま

ず、海軍広州艦艇学院を前身とし、2004年に名前を変えた、海軍兵種（武器）指揮学院があります。この学院は、戦術指揮の学校として、水上艦艇部隊、海兵隊、沿岸防衛隊の中間レベルの指揮に当たる者及び潜水艦部隊や海軍の航空部隊の戦術指揮員の訓練を担当しています。

次に、海軍大連艦艇学院（遼寧省大連）があり、本学院には、練習艦「鄭和」、「世昌」、フリゲート艦「四平」が所属しており、海軍将兵の訓練に当たっています。中国がウクライナから購入し大連で整備しているワリヤーグも同学院の所属となる可能性が高いと言われます。その他、海軍の学院には、海軍指揮学院（江蘇省南京）、海軍潜水艦学院（山東省青島）、後勤学院（天津）、海軍飛行学院（遼寧省胡芦島市）、海軍航空工程学院（山東省煙台）があります。

ここで学位と士官教育について述べてみたいと思います。

解放軍の士官は、政治士官、軍事士官、後方士官、装備士官、技術士官の5つの分野に分かれます。解放軍の学校は、これらの士官に1980年代に修士号を与え始め、1990年代には博士号を与えるようになりました。1985年から1999年までに700人以上の修士や博士の学位を持った大学卒業生が連隊や師団の指揮官となったと言われています[*13]。

海軍においては、技術・研究・教育分野の者には大学院教育の機会が与えられていましたが、2000年代に入り、部隊指揮官や若年士官、司令部要員にも、同様の機会が与えられるようになっています。今日では、海軍の学院も修士号及び博士号を授与しています。また軍以外の大学でも学位を取らせており、1,000人ぐらいの士官が上海地域の復旦大学や上海交通大学、同済大学等で学んでいると言われています[*14]。また、いくつかの部隊は、大学の夜間の技術専門家のクラスに参加できるようにしており、江蘇科学技術大学などは海軍士官の訓練のための講座を提供していると言われています[*15]。

最後に教育に関する国外との関係ですが、中央軍事委員会は、前述の「軍隊幹部育成活動を強化、改善する意見」（2008年4月）をもって、国外の教育機関との連携について明確にしています。中級と高級将校を選抜して欧州・米国・ロシアなどに留学させ、現代化戦争指揮の知識と能力を向上させるとともに、外国人留学生の受け入れについても活発化させていることが窺えます。中央軍事委員会直属の国防大学（北京市）には外国人留

学生コースがあり、2008年には、30ヵ国から28人の中高級将校及び政府関係者が入校したとされています*16。

また海軍では、例えば、海軍兵種（武器）指揮学院は、50ヵ国以上の代表団を迎え入れていると言われます*17。

第3節　下士官の育成と徴兵

中国では、2年間の徴兵制があります。徴兵による人員は、41,000人程度といわれます*18。徴兵の後は除隊するか、下士官になるか、士官になるための学生に選抜されるかです。下士官には、6つのランクがあり、全てに昇進することができれば30年間奉職することができます。

徴兵は、男子は18才以上、女子は17才以上が対象で、毎年11月に実施されます。総参謀部は毎年所要の徴兵者数を決めていきます。総参謀部内には下士官数の維持や編成、記録、募集や徴兵、訓練について所掌する部署があります。総政治部の組織部は党員としての下士官の選抜や士官への選抜についての方針を立てています。

地方行政組織の中に人民武装部という部署があり、ここで10月末まで被徴兵者の事前選抜を行います。身体的、政治的、心理的試験を受けさせ、被徴兵者を決定していきます。徴兵は、地方出身者にとっては、経済的な貧困からの脱却の良い機会になっています。

また大学卒業者が、徴兵ではなく、直接下士官や士官として採用される道も開かれています。それは、共産党員になる道にもなり、大きな動機付けになっています。徴兵レベルの者が党員になることは極めて少ないのですが、下士官ではかなり多くなれるからです。共産党員になれば除隊後の再就職の際、便宜が図られるようになります。

被徴兵者は基礎訓練を1月終わりか2月中旬頃まで受け、その後それぞれの部隊配属となり、2年後に優秀な者は下士官に選抜されます。下士官は少なくても高校レベルの教育を受けていることが必要です。士官候補に選抜されて、海軍士官学校（安徽省蚌埠）や大連艦艇学院、海軍工程大学、海軍兵種（武器）指揮学院、潜水艦学院、後方学院、航空工程学院で、大学レベルの教育を受けることになる者もいます。

徴兵や下士官から士官になるには、3年から4年間の教育訓練が必要に

なります。ただし、経験豊富な高齢の下士官の場合は、数ヶ月の短期間の訓練で士官になります。軍の学院卒業後は、7年から8年間は解放軍に勤めなければなりません。しかし近年、このように徴兵や下士官から士官になることは難しくなっていると言われます。なぜなら軍以外の大学から士官として採用する体制ができ、また、中国軍は、下士官の比率を増やそうとしているからです。

徴兵の半数は毎年11月に入れ替わることになり、かつ下士官で昇任できない者は、除隊していくことになりますから、この時期は部隊の練成度が下がることになります。特に経験豊富な下士官の除隊は、部隊の運用を難しくすると考えられます。

近年の潜水艦の急増に関し、西側の分析者の中には「人員の充足がついていけないだろう」との見方をする人がいます。これに関して、太田は在米駐在武官の時、面白いことを聞いたことがあります。武官団旅行で米国の原子力潜水艦部隊を見学した時、案内の米海軍士官が「戦略弾道ミサイル搭載原子力潜水艦（SSBN）の乗組員はブルーとゴールドの交代制となっているが、攻撃型原子力潜水艦（SSN）の乗組員が固有クリューである」と説明したところ、その場に居た中国の海軍武官が「中国では攻撃型原子力潜水艦の乗組員も二直制になっている」と言いました。このことは、中国原子力潜水艦の乗組員養成は相当な余裕を見越して育成していることを窺わせます。

ちなみに、この1990年代後半の武官団旅行で、中国海軍の武官は「空母機動部隊に隷属している複数の潜水艦は単艦毎、空母機動部隊指揮官に報告するのか、それとも専任艦長がまとめて報告するのか？」とか「衛星通信ではどのような情報を送付するのか？」といった質問をしていました。ブルー・ウォーター海軍を目指していると思われるものであったことを記憶しています。

第4節　訓　練

シミュレーション訓練と訓練サイクル

2008年の国防白書に、「基地における訓練を完備させ、シミュレーション訓練を発展させ、ネットワーク化の訓練を進め、対抗訓練を行ってい

る」[19]とあり、2010年の国防白書でも「シミュレーション訓練における設備を充実させ、軍事訓練情報ネットワークを整備した」[20]とあります。海軍が教育にシミュレーターを重用していることを窺わせるものです。北京近くの中・高レベルの海軍理論を学ぶ党中央学校に、海軍の士官訓練センターが有り、部隊にも士官訓練のためのシミュレーターを整備しています。また各学院もシミュレーターの活用により、卒業前の数週間に及ぶ乗艦実習などと併せて教育効果を上げようとしています。

　また、下士官以下に対する訓練でも、基地におけるシミュレーション訓練が重要な役割を占めています。昇進しない下士官が辞め、徴兵により隊員が入れ替わる11月以降2月頃までにかけては、特に艦艇部隊では個艦の基本的な訓練が必要になってきますが、この時期は、訓練センターでのシミュレーション訓練が重要になっています。

　訓練サイクルの特徴として、11月から2月頃までのこうした基礎的な訓練を経て、3月頃から6月にかけては、主として数隻のグループとしての訓練によって練成度を上げ、夏から10月にかけては、特別な任務部隊の機動訓練を行うことも可能にしていると考えられます。

　航空部隊では、クルーの編成は日常的に行われており、艦艇部隊ほど人事的な要素による訓練サイクルへの影響は受けないものと考えられます。

遠洋訓練

　次に、最近の特徴である遠洋訓練の常態化についてですが、2009年6月下旬に水上艦艇5隻が沖ノ鳥島近海で行動しています[21]。2010年3月から4月にかけて、北海艦隊所属の艦艇6隻が沖縄本島と宮古島の間を抜けて台湾とフィリピンの間のバシー海峡を通過し、南シナ海まで展開して演習を行いました。

　同年の4月に、ソブレメンヌイ級ミサイル駆逐艦2隻及びキロ級潜水艦2隻を含む10隻からなる中国の艦隊が、南西諸島沖及び西太平洋において行動し、東シナ海中部海域で艦載ヘリの飛行訓練、沖縄南方海域で洋上補給[22]、台湾とグアムの中間に位置する沖ノ鳥島近海で諸訓練を実施[23]しました。この演習では主戦兵力による外洋での実兵対抗訓練の意義が強調され、指揮、協同、技術、後方支援に焦点を当てた演習・訓練を行い、海上機動作戦と総合後方支援能力の向上が図られ、また、第1章で述べた「三戦」と

しての輿論戦、心理戦、法律戦に関する訓練、対テロ、海賊対処の訓練も行われたと伝えられています*24。

2010年6月末から7月にかけて、東海艦隊が浙江省沖で実弾射撃訓練を行いました。また7月には駆逐艦1隻、フリゲート艦1隻から成る艦隊が東シナ海から太平洋に向けて南進しました。7月中旬には東シナ海で対艦ミサイル演習を実施し、8月にも同海域において実弾演習を実施しました。2011年6月にも、補給艦や潜水艦救難艦など11隻が沖縄本島と宮古島の間を抜け、太平洋に出て訓練を実施しました*25。

潜水艦部隊では、2004年11月に日本の領海を潜航通過した漢級原子力潜水艦は、東シナ海から西太平洋を長期航海していました。このように水上艦艇部隊や潜水艦部隊などの訓練は遠洋で行われるようになっており、連続した航海時間の増加、海域から海域への移動を含んだ訓練航海の増加が観られ、遠洋訓練を常態化させようとしていることが窺えます。

潜水艦部隊は、水上部隊との訓練により、混合兵装による同時攻撃能力や、攻撃後の生存と再攻撃能力を維持する能力向上が図られているものと観られます。また、2010年4月の10隻の艦隊には、「ダーラン」級潜水艦救難艦1隻、「トゥージョン」級艦隊航洋曳船1隻も含まれ、2011年6月の11隻中にも潜水艦救難艦が含まれていたことから、潜水艦救助など部隊保障の能力向上も図ろうとしているものと推察されます。

軍事訓練評価大綱

2008年の国防白書は、「軍事訓練の審査評定メカニズムを改革して、訓練を難度の高い、厳格なものにし、軍事訓練の全過程、全要素の精細な管理を実施している」*26ことを述べています。

海軍は2002年1月に改訂「軍事訓練審査大綱」を発刊しています。それは訓練実施項目、計画の草案、所要事項と実施要領、訓練組織、訓練の審査と評価について明確にするものでした。これを7年間施行した後、2年間、新たな大綱編纂、訓練の試行を実施して、2009年1月から新たな「軍事訓練及び評価大綱」を施行しています。2010年の国防白書では、これに基づいて、「海洋、宇宙及び電磁空間の安全擁護に関する研究及び訓練を推進」*27し、「電波妨害及び電子戦訓練を強化し、複雑な電磁環境下における演習訓練を実施した」*28としています。

第4章　中国海軍の人事、教育、訓練

統合訓練

　海軍の訓練としては、海上戦術演習、対抗性海上演習、南京に所在する海軍指揮学院で年1回実施する指揮幕僚図上演習など多くの種類があります。その中には海軍合同演習、海上連合演習もあります。2010年の国防白書では、「軍・兵種の共同した訓練に力を入れ、区域の共同訓練を改善している」*29と紹介しています。

　海軍の合同演習とは、海軍内の潜水艦、水上艦艇、航空兵力、沿岸防衛、陸戦隊の5つの兵種のうちの2つ以上が展開したり、2個以上の艦隊が合同して演習したりするものですが、合同演習を促進するため、異なる兵種間で士官の交流を行っています。また、艦隊間では、2005年に北海艦隊と南海艦隊の駆逐艦・フリゲート支隊が東海艦隊海域に展開して、東海艦隊の駆逐艦支隊との合同訓練を実施しています。

　次に海上連合演習とは、他の軍種と実施する演習、いわゆる統合訓練です。また他国軍と実施する演習も含んでいます。

　2004年に、中央軍事委員会の委員に、海軍、空軍、第二砲兵の司令員が任命されました。また、総参謀部が毎年示達する「新年度軍事訓練重点」の項目として、2004年には「一体化訓練の探求、統合訓練の展開による実践的訓練の創造」が謳われ、2005年にも「情報化条件下における統合・共同作戦訓練を出発点とした一体化訓練の推進」が、2006年にも「一体化訓練の積極的かつ確実な研究・試行」及び「統合訓練の重視」が示されました。2004年後半から、空軍機の長距離飛行訓練と共に、航空機による対艦同時攻撃訓練、水上艦艇と航空機の協同訓練が行われるようになり、これらの具現化が観られるようになりました。

　2007年9月に、済南軍区内の、山東省の「軍事訓練協同地区」において「統合2007」という三軍統合演習が実施されました。同演習は長距離機動、作戦計画の策定、渡海訓練、着上陸訓練の4段階に区分され、統合情報、統合指揮、統合火力発揮、電子戦打撃、統合後方などが実施*30されたものでした。ここで「軍事訓練協同地区」とは、陸・海・空軍、軍学校が集中した地域に設定され、統合訓練の実効性・効率性の向上及び訓練経費の節約などを図るために設けられているものです。

　統合にはそれぞれの軍種間の理解が要請されます。指揮統制上の複雑性、目標情報に関わるネットワーク上のインターフェイスの問題、味方撃ちな

どの問題を解決しなければなりません。「軍事訓練協同地区」の設定は、そのための研究をしながらの演習調整をしやすくするための工夫と観ることができます。

2009年1月から施行されている「軍事訓練及び評価大綱」では、統合訓練を1つ上位のレベルの項目として確立し、統合訓練によって軍兵種訓練を牽引させる[31]ようにしています。

2010年7月に南シナ海では、南海艦隊の演習に北海艦隊と東海艦隊の艦艇が合流する形で3艦隊合同による演習が行われ、呉勝利海軍司令員のみならず、陳炳徳総参謀長が現地に赴いて観閲した模様です。

第5節　思想・政治教育の強化

2008年の国防白書は、総政治部が2007年1月に「中国人民解放軍思想政治教育大綱（試行）」を公布し、「人民解放軍の思想政治教育は中国共産党が軍隊で推し進める理論武装と思想指導の仕事であると規定した」ことを述べ、その教育により、「歴史的使命、理想信念、戦闘精神、社会主義の栄誉・恥辱感の教育を深化充実させ、党の指揮に従い、人民のために尽くし、勇敢でよく戦うといった優れた伝統を大いに発揚している」[32]ことを強調しています。2010年の国防白書でも、「人民解放軍は刷新精神をもって政治工作を推進し、政治工作を新たな情勢に適応させ、新たな発展を実現」[33]し、「『党に忠誠を尽くし、人民を愛し、国家に報い、使命に献身し、栄誉を尊ぶ』現代の革命的軍人の革新的価値観を育成した」[34]としています。

教育訓練の中で、思想・政治教育が重要な地位を占めていることを窺わせています。

---

[1] ジェーン年鑑では25万人（2.5万人の海軍航空兵を含む）とされています。ここでは、Bernard D. Cole, *The Great Wall at Sea second edition*, Naval Institute Press, 2010, p. 117. によっています。
[2] *Ibid.* p.118.
[3] *Ibid.* p.121.
[4] *Ibid.* p.134-135.
[5] *Ibid.* p.143.
[6] 『鄧小平文選［1975-1982］』（北京、人民出版社、1983年）253頁。

第4章 中国海軍の人事、教育、訓練

* 7 中華人民共和国国務院新聞弁公室『2008年中国国防』(北京、2009年) 第3章。
* 8 中華人民共和国国務院新聞弁公室『2010年中国国防』(北京、2011年) 第3章。
* 9 中華人民共和国国務院新聞弁公室『2008年中国国防』(北京、2009年) 第3章。
* 10 同上。
* 11 第32次訪中団『訪中報告書 (21.5.19-5.28)』(中国政治経済懇談会、平成21年8月4日) 67頁。
* 12 同上。
* 13 Office of Naval Intelligence, *China's Navy 2007*, p.67.
* 14 *Ibid.* p.71.
* 15 *Ibid.*
* 16 第32次訪中団『訪中報告書 (21.5.19-5.28)』(中国政治経済懇談会、平成21年8月4日) 67頁。
* 17 Office of Naval Intelligence, *China's Navy 2007*, p.71.
* 18 Commodore Stephen Saunders RN, *Jane's Fighting Ships 2010-2011*, HIS Jane's, p.127.
* 19 中華人民共和国国務院新聞弁公室『2008年中国国防』(北京、2009年) 第3章。
* 20 中華人民共和国国務院新聞弁公室『2010年中国国防』(北京、2011年) 第3章。
* 21 「沖ノ鳥島で軍事演習:中国海軍―近海、艦艇5隻を確認」『産経新聞』、2009.7.16。
* 22 「南西諸島沖に中国艦10隻」『朝雲』第2909号、22.4.15、朝雲新聞社。
* 23 「遠洋での能力誇示:接近阻止戦略の構築目指す」『朝雲』第2911号、22.4.29、朝雲新聞社。
* 24 防衛省防衛研究所編、『中国安全保障レポート』平成23年3月、14頁。
* 25 「中国艦艇沖縄近海を通過:遠洋訓練常態化」『産経新聞』、2011.6.9付、「中国艦比東方まで南下」『産経新聞』、2011.6.14付等の報道。
* 26 中華人民共和国国務院新聞弁公室『2008年中国国防』(北京、2009年) 第3章。
* 27 中華人民共和国国務院新聞弁公室『2010年中国国防』(北京、2011年) 第3章。
* 28 同上。
* 29 同上。
* 30 「済南軍区実現三軍偵察力量統合」『解放軍報』2007.09.10日付。(http://news.ifeng.com/mil/2/detail_2007_09/10/460564_0.shtml) 等。
* 31 「陳照海・総参謀部軍事訓練兵種部長、新『軍事訓練及び評価大綱』説明」『解放軍報』、2008.8.1付。
* 32 中華人民共和国国務院新聞弁公室『2008年中国国防』(北京、2009年) 第3章。
* 33 中華人民共和国国務院新聞弁公室『2010年中国国防』(北京、2011年) 第3章。
* 34 同上。

第5章

中国海軍の装備

　米国国防専門官 Ronald O'Rourke 氏は、2011年2月、中国海軍の近代化に関わる議会報告の中で、能力が限定的で弱い分野として、遠方での大規模作戦の継続性、統合作戦、C4ISR 能力、水上艦の防空能力、対潜戦能力、機雷掃討能力を挙げるとともに、艦船主要コンポーネントの外国依存や戦闘状況下の作戦経験の欠如の問題をあげています[*1]。
　まず C4ISR 能力に関してですが、今日の戦闘ではネットワークが重要で、艦船間あるいは艦船と航空機がデーター・リンクによって結ばれ、リアル・タイムの情報交換がなされなければなりませんが、中国海軍では最新艦でも、こうした指揮・管制能力が十分ではないとの指摘[*2]があります。1960年代前半に就役を開始して、多くのバリエーションをもって40隻前後が建造され、中国海軍の中核的な戦力である、ジャンフー型フリゲートの多くには、第二次大戦以降の近代戦を統合するのに基本的な要素である戦闘情報中枢（Combat Information Center-CIC-）が欠落していると言われています[*3]。
　水上艦の対潜戦能力に関しては、パッシブ探知能力が欠落しています。また探知距離が伸びる低周波ソーナーや、船体装備ソーナーの非探知エリアをカヴァーできる可変深度曳航ソーナーを装備しておらず、ほとんどが船体装備のアクティブかつ中周波ソーナーです。さらに航空機による対潜リソースが欠落しており、海底に配備して潜水艦音を聞く水中固定機器に関わる情報は得られていません[*4]。
　対水上戦に関しては、ロシア海軍から輸入したソブレメンヌイ級駆逐艦が強力な能力を持っていますが、ソブレメンヌイ級駆逐艦はロシア海軍の多目的任務部隊の一つの要素として構成するもので、単艦行動することを

想定したものではありません。したがって中国海軍は、戦時、ソブレメンヌイ級駆逐艦を米海軍の航空機や潜水艦によって早期に破壊されないよう防護することを余儀なくされることと思われます[*5]。しかし、その搭載巡航ミサイルは、海上自衛隊にとっては、イージス艦ですら大きな脅威となります[*6]。

　対機雷戦については、中国はイスラエルから高度な掃海技術を習得したと言われており、また、5万から10万個規模の機雷が備蓄されていると推定されています[*7]。

　主要コンポーネントの外国依存度は高く、装備が殆どロシア製で、国産の兵器はあるものの、殆どが外国兵器をリバース・エンジニアリングと言って、機械を分解したり製品の動作を観察したりソフトウエアの動作を解析するなどして製品の構造を分析し、そこから製造方法や動作原理、設計図、ソースコードなどを調査してコピー製品を作っています。ロシア以外の国としてはイスラエルやヨーロッパ諸国、ウクライナなどから兵器輸入しています。例えば最新の旅洲型及び旅洋型駆逐艦は、多くの武器、捜索機器、推進器をフランス、オランダ、イタリア、米国、ウクライナといった外国で創られた武器を元にしていますので、補給や整備上の問題に直面している模様です[*8]。

　国産の潜水艦は2010年の段階で15隻の宋級と10隻の元級を保有していますが、未だノイズ・レベルが高く、一流国海軍の潜水艦レベルには及びません。ロシアから輸入した潜水艦はキロ級ですが、現在中国海軍が保有している12隻のキロ級潜水艦のうち、2002年にロシアから購入した8隻（636型）は静粛性に優れ高性能となっていますが、メンテナンスに関しては、推進機の電池がかなりの問題を起こしたり、定期整備を楽にするためにロシア側に戻したりし、2008年になってようやく近代的なメンテナンス・システムが確立した模様であり、また乗組員の訓練もうまくいっていないことが指摘されています[*9]。

　ロシア製のキロ級潜水艦と国産の宋級潜水艦の良いところを取って国産した非大気依存推進（Air -Independent Propulsion-AIP-）の元級潜水艦は、キロ級（636型）に次ぐ静粛性を有し2009年までに少なくとも5〜6隻進水したのですが、この革新的アイディアを収容するのに必要な船体容量が不足していることも指摘されています[*10]。

第5章　中国海軍の装備

　よく米海軍に対抗する中国海軍の勃興は、第一次及び第二次世界大戦前、英国海軍に対抗して勃興したドイツ海軍になぞらえて議論されることが多いのですが、地理的には大洋進出上のチョークポイントが少ない中国の方が有利ではあるものの*11、ドイツの場合、当時の国内産業レベルは高く、独自の優秀な装備を開発した点は、現在の中国と異なるところでしょう。
　これまで述べてきた弱点は以前から指摘されていた分野ですが、一方で改善の兆しも見てとれます。中国海軍は、東アジアで数的に優勢なミサイルや潜水艦、高い対艦攻撃力などをより充実させるとともに、国産の潜水艦、水上艦艇、航空機を開発して能力を高めています。空母については、2020年頃までには、複数艦が就役すると観られおり、補給艦、輸送艦、音響測定艦、病院船、機雷掃討能力を持つ掃海艇を就役させ、総合的な作戦能力を高めようとしていることが窺えます。
　本章の写真は、主として中国のインターネットからとりました。

空母の開発

　1998年に中国がウクライナから購入したワリヤーグは、調査が行われただけではなく、空母としての実運用を狙った改修が進められてきました。写真は、大連造船所の30万トン級乾ドックに入渠していたワリヤーグの写真です。
　大連には、中国海軍の教育機関である大連艦艇学院があり、練習艦「鄭

空母ワリヤーグ

和」、「世昌」、フリゲート艦「四平」が同学院所属の練習艦として海軍将兵の訓練に当たっており、ワリヤーグも同学院の所属となる可能性が高いと言われています。*12

2008年5月に、中国国防大学の戦略研究部の部長(少将)は、「空母の保有は中国海軍の宿願である」*13と述べました。同年12月には、当時のキーティング米太平洋軍司令官が「中国は建造を真剣に検討している」と観察し、その直後、中国国防省の黄雪平報道官が会見で「空母は国家の総合力の体現であり、海軍の具体的な要求である」*14ことを強調しています。

これまで原子力潜水艦が建造されてきている渤海湾北部の葫蘆島基地に、近年、長大な建物と乾ドックが建設され、その大きさは空母の入渠に対応できるものであることが認められます。また、上海市の軍需造船会社「江南造船集団」が、揚子江河口にある同社の長興島造船所で、国産空母建造に着手する予定であることが報道されています。*15

中国は既に1989年には、空母機動部隊保有について言及していました。当時、大連艦艇学院長だった林治業少将が、「2050年までに、航空母艦を核として対空、対水上艦、対潜水艦作戦能力を持つ水上艦艇と潜水艦を配備した機動部隊を3個保有」*16ということについて述べていたのです。

中国国家海洋局がまとめた2010年の中国海洋発展報告では、2009年に国産空母の建造計画を策定したことが記されており*17、また2009年10月には、武漢艦船設計研究センターの施設として実物大の空母の模型が建造されたことが伝えられています。

艦載機についてはロシアからSu-33を購入する協議がなされると共に、J-11を基礎とした機体(J-15)の開発が報じられており、2008年9月には海軍大連艦艇学院では艦載機飛行要員の教育が開始されています。

駆逐艦・フリゲート艦・ミサイル艇

次頁の左の写真は、中国海軍で2004年から2隻が就役した国産の052C型ミサイル駆逐艦(旅洋型)です。またその右の写真は、2005年から就役させている054型ミサイルフリゲート艦(江凱型)です。中国海軍がステルス性を重視していることが両艦の形状から窺えます。レーダー反射断面積(Radar Cross Section-RCS-)が低減され、海上民兵や徴用貨物船の中に紛れ込んで行動している場合などはレーダー識別が困難になる

第5章　中国海軍の装備

052C型ミサイル駆逐艦（旅洋型）　　　054型ミサイルフリゲート艦（江凱型）

ことが予想されます。
　また、2006年及び2007年就役の2隻の051C型ミサイル駆逐艦（下の写真）は、052C型ミサイル駆逐艦同様、広域防空（Area Defense）能力を得てネットワーク化が図られています。
　2008年から就役している054A型ミサイルフリゲート艦（江凱II型）（下の写真）にも艦隊防空能力が付加されました。

051C型ミサイル駆逐艦（旅洲型）　　　054A型ミサイルフリゲート艦（江凱II型）

　これらの艦の兵装については、特に防空及び対艦攻撃能力の向上が顕著であると言うことができます。
　まず防空能力に関してですが、以前は短距離対空ミサイルHQ-7のように個艦防空に限定されるものでしたが、近年は対空ミサイルの射程を延伸するとともに052C型ミサイル駆逐艦が、艦橋の4面にフェイズド・アレイ・レーダー（位相配列レーダー）を装備するなどにより、多目標対処能力の追求が窺えます。複数目標への同時対処能力が可能であると伝えられ、ある程度の艦隊防空能力を獲得しつつあると推定されます。
　同艦の対空ミサイルHQ-9対空ミサイルは艦橋前部の垂直発射システム（Vertical Launching System-VLS-、次頁写真）から発射され、米海軍・海上自衛隊が保有する中距離対空ミサイル（Standard Missile-2:SM-2）

に匹敵する性能と観られています。

量産される054A型ミサイルフリゲート艦（江凱Ⅱ型）からは、新型の中距離対空ミサイルであるHQ-16（紅旗16）を中核として、艦隊防空を担い得るレベルの対空戦闘システムを搭載しています。HQ-16は、ロシアのSA-N-12（グリズリー）ミ

垂直発射システム

サイルの中国版であり、50km以上に及ぶHQ-16の射程を生かすため、対空レーダーとしては、大出力で有効探知距離の長い3次元レーダーを搭載しています。

次に対艦攻撃能力に関してですが、駆逐艦等が搭載している対艦攻撃用のミサイルは海上自衛隊にとって大きな脅威になっています。

052C型ミサイル駆逐艦は、上甲板中部にYJ-62対艦ミサイル（右写真）を装備し、その主な性能は次のとおりです。

　射　程：280km
　速　度：マッハ0.9
　推　進：固体燃料ブースター＋ターボジェット／ファン
　誘導方式：慣性・GPS・アクティブレーダー

このミサイルのように、近年はミサイルの長射程化が進んでいます。その背景としては、ミサイル本体の技術的進展とともに長距離で目標を探知・識別できる超水平線レーダー（Over-The-Horizon Targeting-OTH-T-）能力が向上したと見ることができます。

また、ミサイルの高速化も追求されています。ソブレメンヌイ級駆逐艦に装備されているSS-N-22対艦ミサイル（右写真）は、その代表格であり、主な性能は

YJ-62対艦ミサイル

SS-N-22対艦ミサイル

第5章　中国海軍の装備

次のとおりです。
　射　程：160km
　速　度：マッハ2.1
　推　進：ラムジェット
　誘導方式：慣性・アクティブ／パッシブレーダー

2009年までに56隻が就役[*18]し、さらに建造が続いている紅稗型／ホウベイ型（022型）ミサイル艇（写真下）や、054A型ミサイルフリゲートに装備されている、YJ-83対艦ミサイル（写真右）は、射程と速度の両方を追求したミサイルといえます。

　射　程：150〜200km
　速　度：巡航マッハ0.9／終末マッハ1.5
　推　進：ターボファン／固体燃料ブースター
　誘導方式：慣性・アクティブレーダー

YJ-83対艦ミサイル

紅稗型／ホウベイ型（022型）ミサイル艇

中国海軍は、このような長射程・高速の対艦ミサイルを近年の新型水上

83

艦艇に装備しており、これらの艦艇が異方向から目標到達時期（Time on Target-TOT-）を合わせて攻撃した場合、被攻撃艦艇にとっては決定的な脅威となります。

潜水艦

中国海軍は潜水艦を60隻以上の規模で推移させており、その近代化の割合も高くなっています*19。これから主要な潜水艦について述べていきます。

葫蘆島で停泊中に撮影された094型弾道ミサイル原子力潜水艦

まず水中から核弾道ミサイルが発射できる弾道ミサイル搭載原子力潜水艦（SSBN）に関しては、1980年代に就役した夏級原子力潜水艦がありましたが、この潜水艦搭載の弾道ミサイル JL-1 の射程は約2,000kmでしたので、当時の第一の敵国であったソ連のモスクワを狙うためには紅海の北端まで航行しなければならなかったため、その存在は象徴的な意味のみであったと言えます。実際の哨戒任務にもほとんど就いていなかったと言われます。

2008年に就役した晋級（094型）弾道ミサイル原子力潜水艦（SSBN）に関しては、JL-2 潜水艦発射型弾道ミサイル（巨浪 2/CSS-N-5）を発射する垂直発射筒 12基を有しています。JL-2 ミサイルは、3段式固体燃料ロケット構造で、誘導方式は慣性誘導と中国版 GPS「北斗」衛星航法システムによるもので、単弾頭では1,000〜2,800キロトン、多弾頭では、90〜150キロトンの3〜8弾頭が可能で、射程は7,200〜8,000kmです。この射程は、目標が米国本土である場合は、潜水艦を千島列島北東海域又はハワ

第5章　中国海軍の装備

イ東方海域まで進出させる必要があるものです。

　米国の『中国の軍事力2010』によれば、晋級SSBNの建造は5隻まで、とされていますが*20、ジェーンの世界の艦船によれば6隻とされており*21、同じジェーンの戦略兵器システムでは4～6隻とされています*22。通常、1隻のSSBNを常時パトロールさせるためには、1隻は修理期間、1隻は訓練に従事させなければならないため、3隻が必要とされます。したがって、2隻をパトロール可能にするには6隻を必要とします。1隻を対米国、もう1隻は対インドあるいは対ロシア用とするか、あるいは現状では自国の航空機・ミサイルのカヴァー外に展開させざるを得ない対米国用を2隻として脆弱性を補うという考え方が妥当なように思われます。

　次に、「商」級原子力潜水艦は、信頼性の低い旧式の「漢」級に替わっていくと考えられるものです。高速かつ長時間潜航の攻撃的運用をもって、太平洋に進出して米空母打撃群などの艦隊攻撃任務や、自国の戦略原子力潜水艦の守りの任務、即ち「晋」級SSBNの戦略的配備に随伴する任務に就くことになります。そのため、「晋」級SSBN共々その所在が秘匿できるよう地下施設が必要となります。写真は「漢」級SSNが北海艦隊の姜哥庄基地の地下施設に係留されている様子です。これと同じようなトンネルの中の基地が、南シナ海

の海南島、ヤーロンに建設されています。下の衛星写真は、沖合の長大な防波堤の内側にある施設を撮ったものです。桟橋に係留している潜水艦のほか、地下施設の入り口も確認できます。この基地から水深が深い南シナ海、そしてバシー海峡へと、潜航深度の自由を確保しながら西太平洋に進出できることになります。

　2002年に、中国がロシアと契約した8隻のキロ級潜水艦（Project 636M）（写真左）は、2006年に引渡しが完了しました。兵装で特に注目されるのが、SS-N-27 対艦ミサイル（Club-S）（写真右のイメージ）であり、その主な性能は次のとおりです。

　射　程：220km
　速　度：マッハ0.6～0.8、終末：マッハ2.2[*23]
　誘導方式：慣性、アクティブレーダー

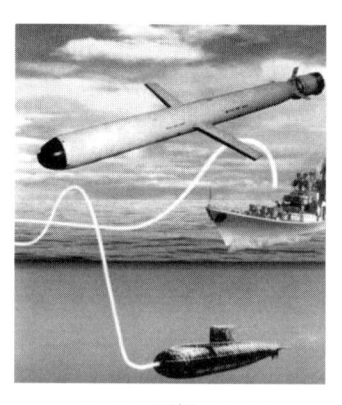

キロ級潜水艦　　　　　　　**SS-N-27対艦ミサイル**

　このキロ級潜水艦の静粛性に長距離攻撃能力が兼備されたことで、米空母機動部隊の台湾来援を阻止しようとする際の、中国海軍の戦力は高まったと言えます。

　最後に、通常潜水艦「宋」級とその後継の「元」級についてですが、2006年10月、米空母キティー・ホークの8km（魚雷発射可能距離）まで接近し、関係者を震撼させたのが「宋」級潜水艦です。既に13隻が就役しており、この潜水艦は、マッハ0.9、射程42kmの YJ-8 対艦ミサイル及び533mm魚雷発射管を有しています。その後継の「元」級は今後「宋」級に替わる主力国産潜水艦として多数生産されると観られています。

第5章　中国海軍の装備

強力な対艦攻撃力をもつ航空戦力

　中国は1992年にロシアから Su-27 を初めて導入して以来、Su-27 を追加購入するとともに J-11（国産の Su-27）をライセンス生産し、さらに Su-30 を購入するなど、第4世代戦闘機を逐次増強してきました。これらの性能上の戦闘行動半径は1,500kmとされています。ただし、戦闘機のための早期警戒管制能力の範囲によって制限され、また、隣国の防空能力に阻止されるため、実際の行動範囲はもっと狭くなると観られます。

　航空戦力で特に注目されるのは、海軍保有の JH-7 攻撃機「飛豹」（殲轟 7/FBC-1）（写真上）や Su-30MK2（フランカー G）（写真中）が装備する AS-17C（Kh-31）空対艦ミサイル（写真下）です。その主な性能は次のとおりです。

　速　度：マッハ3（巡航）*24
　射　程：200km *25
　誘導方式：パッシブレーダー

　特に、その速度は従来のミサイルを超越しており、水上艦艇からの対艦ミサイルと複合して発射された場合、対応は極めて困難になります。本ミサイルは、ラムジェット推進対艦ミサイルで、100mの低空を目標に向かいます。目標の約10km手前までは慣性航法により進みますが、その後はミサイル搭載レーダーでロックオンするとポップアップし目標に突入します。弾頭は遅延信管で、大きな破壊力を持っていると言われています。

　また海軍の Su-30MK2 は、強力な対艦攻撃能力を有すると同時に、空

JH-7攻撃機「飛豹」

Su-30MK2（フランカーG）

AS-17C（Kh-31）空対艦ミサイル

戦能力も兼ね備えた多用途戦闘機です。空軍で使用されている Su-30MKK は、対地攻撃任務においては J-11 戦闘機（殲撃 11/Su-27SK/Su-27UBK）の護衛を受けて作戦を行いますが、海軍航空隊においては Su-30MK2 一機種で、空軍の J-11 と Su-30MKK の二機種の機能を果たせるよう、空対空兵装と対地／対艦兵装を混載し作戦状況に合わせて兵装を使い分ける方法を採用しています。また、データー・リンク機能を有し、各軍種間での情報共有による連携作戦能力も強化しています。

揚陸艦

中国海軍初のドック型揚陸艦（LPD）071型（17,000〜20,000トン、写真）が2006年末に進水し、2007年11月に就役、「崑崙山」と命名、二番艦「井岡山」は2010年11月に進水しました。これは500〜800人の人員、15〜20両の車両が収容できます。これまで中国海軍は、戦闘艦艇に重点を置いてきたため、揚陸能力については不足しているとの評価がありましたが、このクラスの登場と増産により兵力投射能力の向上が見込まれ、台湾作戦等の実効性がより高まることになります。

ドック型揚陸艦（LPD）071型

第5章　中国海軍の装備

形状は、船体と上部構造物を一体化させ傾斜を設けるなど、ステルス性に配慮した設計となっています。また、艦尾から艦橋真下まで、長大な艦艇の船尾・喫水レベルに設置されるデッキ状のドック式格納庫（ウェルドック）があり、エア・クッション型揚陸艇を最大4隻搭載、大型ヘリコプター2機により大隊規模の部隊を輸送する事が可能と思われます。既存の中国海軍の揚陸艦と異なり、Z-8 大型輸送ヘリコプター2機を格納する格納庫と、同機を複数機運用できる広大な飛行甲板を艦後部に備えています。

補給艦

2004年に就役した大型総合補給艦2隻は、福池級（フーチー級）と呼ばれます。満載排水量は、23,000トンで、速力は19ノットです。今世紀初頭まで、中国海軍は、このような遠洋で補給できる艦を保有していなかったことから、ブルー・ウォーター・ネイヴィーとしての作戦に拡大しないと見られていました[*26]。しかし、今では、各艦隊には複数の補給艦が配備され、両サイド同時補給を行うなど技量も向上しています。そしてこうした補給艦はアデン湾の海賊対処作戦にも交代して従事しています。

音響測定・試験艦

下の写真は、2008年4月に就役した「北調991」という音響測定艦です。

中国海軍初の全電力推進艦であり、就役後、双胴型艦船としての基礎的試験を行っており、以後、この種艦船は、ソーナーを使用した海洋調査任務や潜水艦の探知、平常時からの対象国潜水艦の音紋収集などに用いられるものと推定されます。所属は北海艦隊で大連を母港としています。

福池級総合補給艦

音響測定艦「北調991」

病院船

　写真は、2008年10月に就役した「920型病院船」です。

　ジェーン年鑑2009-2010年度版によれば、満載排水量は23,000トン、速力19ノットで、ヘリを1機搭載しており、南海艦隊に所属しています。本船は「岱山島」と命名され、既に「調和の使命」という任務の下、ソマリア・アデン湾海域に派遣され、沿岸諸国などの人々の診察を行いました。

920型病院船

掃海艇

　2005年4月に就役した新型掃海艇「渦蔵」（Wozang）級／082-I型（写真）は、後部に水中処分具揚降用と推定されるクレーンを備え、ケーブル式の遠隔操作無人探査機（Remotely Operated Vehicle-ROV-）を操作して対機雷戦を行います。中国海軍の掃海艦艇としては初めて本格的な機雷掃討能力を有するものです。

　またWochi級／082-G型（写真）は、水中処分具だけでなく従来型の

082-I型掃海艇

第５章　中国海軍の装備

082-G型掃海艇

掃海任務の遂行も可能な掃海艇として建造されたと思われます。ジェーン年鑑には隻が記載されています*27。

装備兵装と作戦

　空母の導入は、航空基地が移動することに匹敵し、作戦の幅を拡げます。また、潜水艦の急ピッチな近代化は、南シナ海のみならず、西太平洋に展開して、接近する米機動部隊に平素からの心理的脅威感を与えるものになります。沿岸に配備されたOTH（Over-The-Horizon）レーダーや衛星情報を得た航空機、水上艦艇及び潜水艦が敵水上艦艇攻撃に任ずるでしょう。近傍に展開する他国潜水艦に対しては、音響測定艦や他の艦艇により常続的に追従して、いつでも攻撃できる態勢を追求し、他国潜水艦の音響データの収集も今後蓄積されていくことになりましょう。

　補給艦の大型化は、遠洋の長期の滞洋能力を可能にし、揚陸艦の大型化は、局地的な戦力投射能力を高めるものです。

　2010年4月や2011年6月に10隻規模の艦隊が長期の訓練行動を実施した際、潜水艦救難や曳航に関わる艦艇が一緒に行動したことや、大型の病院船の就役は、事故や被害を受けた時の部隊保障にも意を用いようとしていることを窺わせるものです。

弱点の一つとしてあげられてきた対機雷戦能力についても、機雷掃討用無人水中ビークルを運用する段階になっており、新しいステップを踏み出していると言えます。

　米国専門官 Ronald　O'Rourke 氏が指摘していた、遠方での作戦の継続性、水上艦の防空、対潜能力及び機雷掃討能力も改善の道筋が立てられていることが窺えます。中国海軍の装備の近代化として、潜水艦の静粛性と攻撃能力向上、新型海上発射型弾道ミサイル、駆逐艦の攻撃能力・対潜能力・艦隊防空能力の向上、「練習空母」の運用と本格的空母の建造、航空部隊の攻撃力が注目されます。

*1　Ronald O'Rourke, "China Naval Modernization: Implications for U.S. Navy Capabilities — Background and Issues for Congress", Congressional Research Service, February 3, 2011.
*2　Bernard D. Cole, *The Great Wall at Sea second edition*, Naval Institute Press, 2010, p.103.
*3　*Ibid.* p. 104.
*4　*Ibid.* p.194.
*5　*Ibid.* p.99.
*6　Toshi Yoshihara and James R. Holmes, *Red Star over the Pacific*, Naval Institute Press, 2010, p. 117.
*7　Bernard D. Cole, *The Great Wall at Sea*, Naval Institute Press, 2001, p. 103.
*8　*Ibid.* p.195.
*9　Hu Chuzhang and Yan Tao, "The First PLAN Naval Ship Maintenance Quality Management System Started Running," *Renmin Haijun*, 20 February 2009.
*10　Bernard D. Cole, *The Great Wall at Sea second edition*, Naval Institute Press, 2010, p.96.
*11　Toshi Yoshihara and James R. Holmes, *Red Star over the Pacific*, Naval Institute Press, 2010, p.12.
*12　Jane's fighting ships 2007-2008（Jane's Information Group）で、ワリヤーグに「施琅」（人名）という艦名が提示されています。中国海軍の艦名命名基準では、人名が使用されるのは練習艦や試験艦であり、改修後のワリヤーグは、空母練習艦として使用されると観られています。
*13　日中安全保障フォーラムにおける国防大学の朱成虎少将の発言。『第31次訪中団報告書(20.5.20-5.28)』（中国政治経済懇談会、平成20年8月5日）25頁。
*14　北京＝野口東秀「空母建造『真剣に研究』中国が初めて確認」『産経新聞』2008年12月23日付。
*15　北京＝野口東秀「中国国産空母近く着工」『産経新聞』2009年4月22日付。（中国のテレビや民間の軍事研究機関(漢和情報センター)などによる情報として報道。）

第 5 章　中国海軍の装備

* 16 『艦船知識』（1989年11期）に掲載された大連艦艇学院長（当時）林治業少将の談話。
* 17 国家海洋局海洋発展戦略所課題組編『中国海洋発展報告2010年』（北京、海洋出版、2010年5月）。
* 18 Stephen Saunders, *Jane's Fighting Ships 2009-2010*, London: Jane's Information Group, 2009), p.149.
* 19 U.S. Department of Defense, *Annual Report to Congress Military Power of the People's Republic of China 2009*, (Washington D.C.: Office of the Secretary of Defense, 2009), p.36, Figure 12 'Select PLA Modernization Areas, 2000-2008'.によれば、潜水艦の全保有数に対する近代化された隻数の割合は他の兵種に比べて高く、半数程度となっている。それだけで海上自衛隊保有潜水艦の約2倍の隻数となる。
* 20 Office of Secretary of Defense, *Annual Report to the Congress Military and Security Developments involving the People's Republic of China 2010*, August 2010, p.3
* 21 Stephen Saunders, *Jane's Fighting Ship*, 2009, p.128.
* 22 Duncan Lennox, *Jane's Strategic Weapons System*, 2009, p.38.
* 23 ここでは、Duncan Lennox, *Jane's Strategic Weapon Systems Issue Fifty-two*, (London: Jane's, 2010),p.121によったが、他にはこれよりも大きな速度になると観ているものもある。
* 24 最終段階の速度は更に大きなものになる。ここでは巡航速度として Duncan Lennox, *Jane's Strategic Weapon Systems Issue Fifty-two*, p.128. の数字を用いた。
* 25 Duncan Lennox, *Jane's Strategic Weapon Systems Issue Fifty-two*, p.38.
* 26 Bernard D. Cole, *The Great Wall at Sea*, Naval Institute Press, 2001, p.104.
* 27 Jane's Fighting Ships 2009-2010 (Stephen Saunders（編）/2009年6月23日 /Jane's Information Group) 155頁。
* 28 Stephen Saunders, *Jane's Fighting Ship*, 2009-2010, p.155.

第6章

中国海軍の活動、作戦、ドクトリン

　中華人民共和国の国防法*1第4条において「積極防御戦略の実行」が謳われています。「積極防御」戦略を受ける中国海軍の戦略は「近海防御」と呼ばれるものです。第1章第2節でも述べていますが、改めて「積極防御」とは、どのように解されるのか。また「近海防御」の近海の意味は何か、中国海軍の担う作戦は、積極防御の中で、どのように位置付けられるのか、彼らの活動状況から、どのような作戦が想定されるかということについて、観ていきたいと思います。

第1節　新時代の積極防御について

　2008年の国防白書では、国防政策の基本的な内容として、「発展の利益」「持続可能な発展」「情報化」「核戦略堅持」とともに、「積極防御の軍事戦略方針を実現する」ことが謳われています*2。
　また2011年3月末に公表された2010年の国防白書には「中国は新しい時代の積極防御軍事戦略を履行する」*3と微妙な含みを持たせており、2008年の国防白書には国家防衛政策は「純然たる防衛的性格」*4であると書いてありますが、2010年の白書ではこの「純然たる」という言葉が削除されています。

指針的原則
　2008年の日中安全保障フォーラムにおいて、軍事科学院の戦争理論及び戦略研究部研究員の上級大佐は、新時代の積極防御戦略の指針的原則として4点を上げ、特に「後発制人」と「柔軟性」ということを強調しています。

まず「後発制人」についてですが、これは「先制一撃によってイニシャティブをとることはない」という毛沢東の言葉で表されるものです。

当研究員は、この考え方が歴史的に発展してきていることを述べています。彼によれば、1956年3月に、中央軍事委員会は、正式に積極防御の戦略的方針を打ち立て、1977年に、「積極防御と敵の奥地誘引」を規定*5しました。

自身が弱者である場合、初戦には防御に立って誘引し、自己戦力の培養・強化、敵戦力の漸減などによって戦勝の条件を整えてから反攻に転じるという戦い方には妥当性が見い出せます。

その後1988年には、積極防御を再設定して、可能性のある局地戦争と軍事紛争への対処に焦点を当て、1993年には、新時代の積極防御の軍事戦略方針を明確にして、現代条件下、特にハイテク条件下の局地戦争に闘い勝利することの準備に焦点を置き、新世紀に入り、中央軍事委員会は、情報化条件下での局地戦争勝利のための軍事的準備に焦点を置くことを決めています。軍事科学院研究員の上級大佐は、同じ「積極防御」の名の下ではあっても大きな違いを呈するような歴史的変遷があったことを述べているのです。

次に「柔軟性」について、次のように述べています。

> （積極防御戦略は）戦略的な防衛を強く要求して敵の襲撃後の攻撃のみにより勝利するということのみならず、積極攻勢作戦を遂行することに注意を払い、敵を制する奇襲機会の獲得も行うというものである。戦争継続を準備するのみならず、とりわけ情報化条件下での局地戦争において、迅速対応、短期の決定的な作戦戦闘のためにも努力する*6。

したがって「積極防御」戦略とは単純な防御戦略ではなく、「攻勢防御」や「決戦防御」など思想的に積極性を内包したもので、防勢的な戦争遂行の間にも受動に陥ることを戒め、攻撃的な局面を伴いながらも本質的かつ全局的には防勢的な戦略として論理付けようとしたものであるわけです。

新時代の「積極防御」の戦い方の特色

ここで、作戦や戦闘レベルでの現代的な戦い方はどのように性格付けられるか見ていきたいと思います。

第　章　中国海軍の活動、作戦、ドクトリン

　一般的な防御行為は、①被害極限・復旧、代替軍事インフラの準備、基地の地下化・地下シェルター等の準備、民間人誘導・救援などのように、敵に直接的な打撃を与えない「消極的な防御」措置と、②侵攻力を撃　する　防勢防御　と脅威をより前方での排除する　攻勢防御　能力を併行発揮して相手に打撃を与える「積極的な防御」が組み合わさって成るものです。

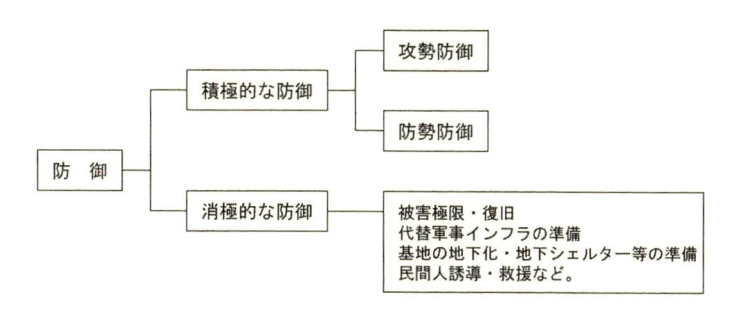

```
                ┌─ 積極的な防御 ─┬─ 攻勢防御
                │                └─ 防勢防御
防 御 ──────────┤
                │                ┌─ 被害極限・復旧
                └─ 消極的な防御 ─┤   代替軍事インフラの準備
                                 │   基地の地下化・地下シェルター等の準備
                                 └─ 民間人誘導・救援など。
```

　中国の場合、伝統的に敵を誘引して行う「人民戦争」の思想があって、戦闘員保護や攻勢に結びつかない分野を保護の対象とする考え方は希薄である可能性があります。消極的な防御は重要視され　いと考えられます。ただし基地の地下化などにより、兵力を護ることは、防勢的な作戦を支えるものとなりましょう。

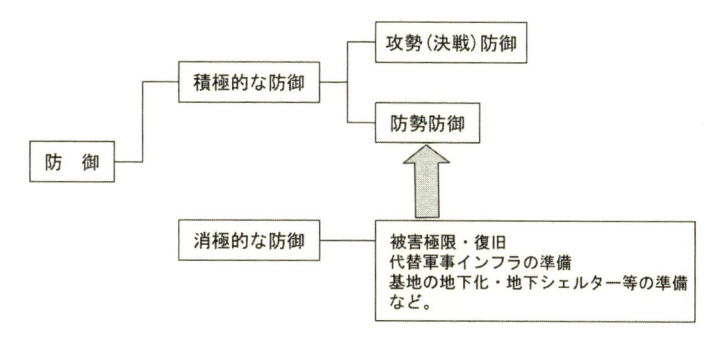

```
                ┌─ 積極的な防御 ─┬─ 攻勢(決戦)防御
                │                └─ 防勢防御
防 御 ──────────┤                        ↑
                │                ┌─ 被害極限・復旧
                └─ 消極的な防御 ─┤   代替軍事インフラの準備
                                 │   基地の地下化・地下シェルター等の準備
                                 └─ など。
```

　次に、「後発制人」を主張するための現代的な「誘引」ということについて考察しておきたいと思います。情報化条件下では、攻勢的な作戦と防勢的な作戦とが時間軸上で分　し　いほど、時間的に圧縮された闘いとなります。そのため、敵の攻撃を「誘引」することを考えるならば、空間的

なバッファーを拡げておくことが必要になります。現代戦では、地、海、空間に加えて宇宙とサイバーのスペースが加わり、平素からの懸念が拡がっています。そうした中、中国は自らの戦力水準を高めつつ「核心」領域を拡げています。それに連れて平素影響が及ぶあらゆる空間を拡大させておくことが必要になるわけです。

次に、敵の「攻撃」ということについて考えてみます。

軍事科学院の上級大佐の説明からも分かるように「敵が攻撃した後においてのみ攻撃する」という姿勢は受動的に物理的な敵の攻撃を待つことを意味せず、同時に「有利な好機」を放棄することをも意味していません。もともと戦闘において「後発」の精神にしばられることは、自らを不利にするものありますから、防御には攻勢的な作戦や戦闘は組み込まれるものです。国防白書で「軍事努力と、政治的、外交的、経済的、文化的、及び法律的な努力の緊密な連携」*7の必要性を説いていますが、これは逆に他国も一体的な努力をしているものとして捉えることがあるということであり、敵の攻撃を政治的な意味で定義することもできるようになるのです。全体的には「後発制人」でも柔軟性を重視し「奇襲機会も獲得する」ということは、敵の「攻撃」は、従来型の運動力学的な軍事作戦に限定されず、非軍事で無形的な闘争をも含めて捉えていると考えられるわけです。

更に、中国は「利を求め、害を避け、自らの長所を発揚し他者の短所を叩く」*8とする非対称戦を重視しています。相手の虚をつく戦い方を模索して攻勢的な作戦に転化させていくことも重視しているわけです。

このようなことから、「積極防御」の特色としては、次のようなことがあげられます。

①軍事戦略は防御的と謳い、防衛的で攻撃されてからのみ攻撃するとするが、敵の攻撃は物理的なものに限定せず、防勢的作戦のみとはしない。②我の「防御」（敵の「侵入」）性を主張できるように、あらかじめ支配的影響圏を拡大しておくことでバッファーを確保し、敵の誘引を可能にさせる。そのため、むしろ周辺国にとっては常時、攻勢的なものとして認識され、米国等に「A2/AD」戦略として規定されるようになる。③作戦実行は、攻撃を開始するのに良い時と状況を選択し、④敵の弱点に集中するように実施し、⑤被攻撃対処と我の攻撃の境界をおかず、⑥前方攻撃（攻勢防御）と排除措置（防勢防御）をほぼ同時に行って、⑦非軍事的な国家の

第6章　中国海軍の活動、作戦、ドクトリン

能機と密接に連携して、敵の行動意欲を瓦解し、敵軍の行動を抑制させるとともにこれを排除する。

第2節　海軍の「積極防御」と活動域の拡大

1980年代初頭に鄧小平が、国土の外側で敵を迎え撃つという概念を含めて「積極防御戦略」を打ち出し、これを受けて、1980年代半ばに、当時、海軍司令員（司令官）であった、劉華清・中央軍事委員会副主席（当時）は、海軍の戦略として「近海積極防御戦略」を提唱しました。

その後、冷戦末期から冷戦後にかけて、中ソ（露）国境からのソ（露）軍の撤退、天安門事件や台湾海峡危機、ロシアとの国境線確定などを経て、中国の戦略環境は大きく変化しました。北方の懸念が希薄になった中国は海洋方面に進出するようになり、1992年、尖閣諸島、南沙・西沙諸島を中国領とする「領海法」を施行させ、1993年には、李鵬首相が、全人代において、「防御の対象に海洋権益を含める」との声明を出し、より積極的に「外」に出て行こうとする姿勢が見えるようになってきました。さらに、1997年、石雲生海軍司令員の時代になると、「近海積極防御戦略」という概念の延長として、「海軍発展戦略」へと進展させ、胡主席は、2006年の共産党海軍中央軍事委員会の演説において、中国を「シー・パワー」と呼び、「我々の海洋権利と利益を支える」ための「強力な人民海軍」を求めました[9]。

近海積極防御における作戦の重点

海軍は、広範な政治的要求により、平時から有事にかけて、様々に行動できる柔軟性を有する軍種です。攻撃を開始するのに絶好の時と状況を選択するための土台を築き、自ら先制攻撃の部隊となって、積極防御の方針を体現するのに大きな役割を演じ得るものです。

2008年の国防白書は、中国海軍を、人民解放軍の戦略的な軍[10]であると規定し、国の海洋方面の安全と領海の主権を守り、海洋権益を擁護する[11]とし、また「遠海」における協力を発展させている軍である[12]と記述しています。これは、「遠海」における作戦行動能力を発展させる意志を表しているのに外なりません。

中国国防大学の戦略研究部長（少将）は、海軍について、シーレーン防衛、封鎖作戦能力、対潜能力、対空母戦能力の必要性を強調していました*13。
　中国海軍は「遠海」での行動能力を向上させつつ、まず攻勢的な作戦としては、①相手と海洋とのつながりを阻止する「封鎖」作戦、②相手の海上交通路（Sea Lines of Communication-SLOC-）の使用を難しくさせる「敵海上交通路の切断」作戦、③敵海軍基地、港湾、重要な地上目標を攻撃する「海上からの対地攻撃」作戦、④海軍作戦の最も典型的なものとして、大型水上艦を破壊、損傷させる「対艦攻撃」作戦を、次に防勢的な作戦としては、①海洋輸送の安全と自身の海上交通路を守る「海上交通路の防衛」作戦、②潜水艦、水上艦艇、機雷、空と地上からの攻撃への対応、核・生物・化学兵器攻撃を含む大規模な攻撃態様への対応、対封鎖、友軍基地占拠への抵抗を含む「港湾・海軍基地防護」及び「防空、侵攻力排除」作戦が主たるものになると考えられます。

海軍の活動域の拡大と発展

　積極防御戦略の下、中国海軍を特色づけていることで、最初に挙げなければならないのが戦略縦深の増大ということです。2006年の国防白書では、「積極防御」軍事戦略の下で海軍が目指す目標について、「近海防御のための戦略縦深の増大」があげられていました*14。「戦略縦深の増大」を目指すというのですから、「近海防御」における「近海」は地理的な境界を規定するものではないことは明白でした。縦深が増大していけば、積極防御の対象はやがて「遠海」という方が相応しい海域が付加されていくことになります。
　第二に発展の利益が挙げられます。2008年の国防白書は、主権、安全、領土の他に、発展の利益を保証すること、国民の利益を守ることを最も重要なものとしました*15。軍事科学院の上級大佐は、2008年に「利益の焦点は存在から発展へと移行する」と述べ*16、2010年6月には、日本からの訪中団に、次のように述べました。

　　（国家利益とは）主権、安全、領土を指していたが、新たに発展の利益も加わった。発展の利益として、シーレーン防衛が必要となってくるが、中国のアデン湾、ソマリア沖への艦艇派遣や先般の東シナ海での10隻の艦隊の活動は、中国がこれから海軍を発展させ海洋利益を求

第6章　中国海軍の活動、作戦、ドクトリン

めることの表れである*17。

これは「発展の利益」の概念が海洋利益を求めていくことと一体であることを示した言葉として注目されます。

最後に海軍の発展的構築が挙げられます。解放軍の三段階発展戦略は、「2010年までに強固な基礎を築き、2020年ごろに主たる発展をとげ、21世紀半ばまでには情報化された軍隊を建設し、情報化された戦争に勝利する能力を得て戦略的目標を達成する」というものです*18。

中国共産党は、1921年に結党され、中華人民共和国は1949年に設立されていますから、2020年前後と21世紀半ばとは、それぞれの100周年記念となる節目に当たります。これらを発展の結節点とする発言は多く観られます。例えば、江沢民中央軍事委員会主席（当時）は、2004年7月の中国共産党中央軍事委員会拡大会議で、「2020年前後が台湾問題を解決する時」と発言したと報道されました*19。また様々な人達が、人民解放軍は「2020年までに機械化を基本的に実現し情報化で重要な進展を得る」ことを企図していると表明しています*20。林治業少将は、1989年に既に、「2050年までに、国家の経済と技術水準の発展に伴い、航空母艦を核として対空、対水上、対潜水艦作戦能力を持つ水上艦艇と潜水艦を配備した機動部隊を保有する。機動部隊は、南から北へ段階的に3個保有する」としていました*21。

中国は、2000年代初頭には、第一列島線内の精密な海洋調査が終わり西太平洋の調査に着手しました。2010年には、潜水艦を含め、第一列島線内のみならず、西太平洋にも自由にかつ頻繁に行動するようになっています。今後2020年頃までには、本格的空母を建造するとともに、他国海軍等の行動を抑制できるような段階に入っていくことでしょう。

2007年7月、キーティング米太平洋軍総司令官が訪中した際に、太平洋の東側をアメリカが、西側を中国が分割して管理するという、いわゆる「太平洋分割管理案」を提案しましたが、2050年頃までには、太平洋やインド洋等、世界の所要海域で米海軍と対等に行動できるようになることを企図しているものと見積もられます。

第3節　近（遠）海における積極的な防御

胡錦涛主席は、2007年に海軍の指導者達に対して「近海総合作戦能力

を向上させると同時に、徐々に遠海防衛型に転換」すべきであることを述べました。この中にある「遠海防衛」は、現段階では正式な海軍戦略になっていることは確認されていません。今後、正式化されるような場合は、「近海積極防御」と「遠海防衛」を分けて考察しなければならなくなるかも知れませんが、ここでは一括して、「近　遠　海における積極的な防御」として表してまとめてみることにします。

積極的な防御と海軍作戦

先に、一般論として相手に物理的な打撃を与える積極的な防御は、〈攻勢　決戦　防御〉と〈防勢防御〉から成ることを述べました。第　節で考察した中国海軍の主な作戦を入れて、「近　遠　海における積極的な防御」を表わすと次のようになります。

```
近(遠)海における積極的な防御
            ↑
            ├── 攻勢(決戦)防御
            │       ├── 封　鎖
            │       ├── 敵海上交通路切断
            │       ├── 対地攻撃(中枢攻撃、基地攻撃、重要地点攻撃)
            │       └── 対艦攻撃(空母及び水上艦、潜水艦)
広域監視能力
            ├── 防勢防御
            │       ├── 海上交通路の防衛
            │       ├── 港湾・海軍基地防護
            │       └── 防空、侵攻力排除
消極的な防御
代替軍事インフラの準備
基地の地下化・地下シェ
ルター等の準備など。
```

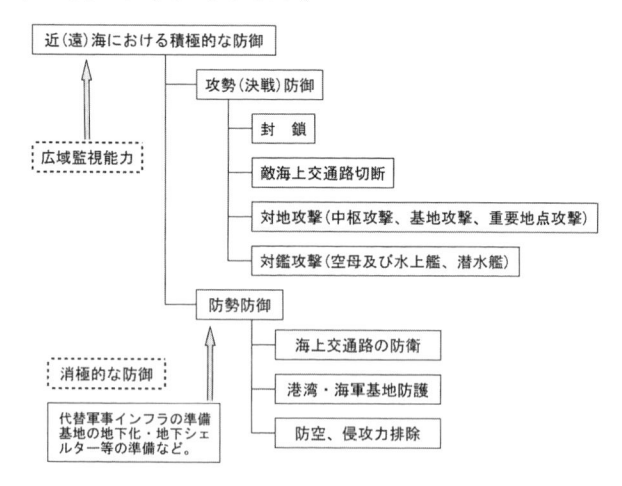

図は、「広域監視能力」が、海軍の防御活動を支えることを表しています。超水平線　Over The Horizon-OTH-　レーダーや宇宙インフラを含め、空中、地・水上の各種センサーによる遠距　まで及ぶ地域的インテリジェンス・監視・偵察　Intelligence, Surveillance, and Reconnaissance -ISR-　システムと指揮中枢を　結することによって、総合的な攻撃戦闘ネットワークが構築されます。

また、被害極限・復旧、代替軍事インフラの準備、基地の地下化・地下

第6章　中国海軍の活動、作戦、ドクトリン

シェルター等の準備などの消極的な防御は、〈防勢防御〉を支えます。封鎖や敵海上交通路切断等の〈攻勢（決戦）防御〉は、より前方又は遠海での防御（衛）行為となります。

東アジアに関わる戦闘様相

台湾の統一を達成するための行動などで現れるであろう戦闘を想定してみましょう。中国にとっての脅威は、西太平洋地域に対する米軍のパワープロジェクション能力であり、米機動部隊艦載機（無人機を含む）による攻撃、潜水艦、水上艦艇からの巡航ミサイル、日本やグアム島に展開する米空軍機による攻撃です。また、近傍にあって中国の攻撃力を削ぐ力となる場合、日本の潜水艦、水上艦艇、航空機も排除すべき対象になりましょう。

これらの脅威の接近を阻むため、米軍の東アジアにある基地の使用や作戦域への進入を困難にして、台湾等を奪取する実効性を予見させ得る能力や態勢を示すことは、瓦解戦に見られるような無形分野の戦いに効果を与えるものとなります。

ここで米国の政策研究機関が描いていることを基に、中国軍が企図するであろう戦闘様相を記述してみます。

　　中国軍は、対衛星兵器や地上のジャミングによって、米軍の宇宙インフラへの依存を突くとともに、サイバー攻撃によって、米軍の後方システムや指揮統制システムを減退させ、攻撃やネットワークの管制及び状況の把握を困難にさせる。

　　中国は、西太平洋の全ての米軍作戦基地を、中国のミサイル脅威下におくとともに、潜水艦を広く展開し、攻撃爆撃機、地上発射の攻撃能力をもって、米空母艦載機や艦対地巡航ミサイルの射程外に米機動水上部隊を追いやる。

　　中国の海・空軍及び第2砲兵部隊は、大陸近傍で行動する米国や日本の潜水艦及び水上艦艇を捉えるとともに、グアム島からの米潜水艦の進出を阻止し、作戦海域に進入・往来する米海軍プラットフォームを攻撃する。

　　封鎖により、東南アジアと西太平洋を通る海上交通路の使用を困難にさせるとともに、米軍による前方基地への補給や増強を阻止するた

103

め、作戦域への出入を困難にさせる。
　中国上空や近傍、隣接国上空に防空システムを拡げ、第4世代戦闘機の数的優位と第4世代プラス（第5世代）戦闘機、それに地対空ミサイルをもって、基地、中枢施設を防衛する*22。
　現実には、この様な能力を見せつつ、局地的短期的な攻撃と心理戦などの無形分野の攻勢により、政治的、軍事的目的を達成しようとするでしょう。

第4節　海軍の最近の行動とねらい

水上艦艇の行動

　最近の中国海軍の活動の特色は、艦隊を組んで、西太平洋に進出し、長期間の滞洋訓練を繰り返していることです。異種ビークル合同の訓練も見られるようになりました。
　とりわけ2000年以降、海軍の訓練形態に変化が見られ、2003年には「初の混合編隊による訓練」が報道されました。「混合編隊」とは駆逐艦とフリゲート艦を組み合わせた編隊で、これは中国海軍がシステムとしての艦隊という考え方を訓練に取り入れ始めたことを意味しています*23。
　2009年6月に駆逐艦等5隻の海軍艦艇が、沖ノ鳥島北東の海域に進出しました。2010年3月には、駆逐艦等6隻の海軍艦艇が沖縄本島と宮古島の間を通過して太平洋に進出しました。2010年4月には、駆逐艦、潜水艦等10隻の海軍艦艇が、沖ノ鳥島西方の海域に進出し、2011年6月には11隻が東シナ海からフィリピン東方海域で訓練を実施しました。
　東シナ海から西太平洋での洋上での行動の長期化は、プレゼンスの常態化を企図するものです。沖ノ鳥島周辺海域は、グアム島から南西諸島や台湾方面に進出する米攻撃原潜の通過海域であり、ここでの訓練行動は対潜水艦戦能力による進出阻止を予見させるものです。
　また、海賊対処活動のためのアデン湾への派遣は、2010年12月現在で第7次隊となっており、「遠海」での活動能力を高めるとともに、海外基地へのアクセスを常態化させるものです。
　胡主席は、2006年の共産党海軍中央軍事委員会の演説において、中国を「シー・パワー」と呼び、「海洋権利と利益を支える」ための「強力な人民海軍」を求めています。マハンのシー・パワーの要素は、「生産」「通

第6章　中国海軍の活動、作戦、ドクトリン

商」「海運」「植民地」に加えて「海軍力」でしたが、植民地は今日では通商相手ということができましょう。その通商相手との関係強化を通して、前述したように港湾建設に関与しています。

深海港湾建設に着手しているパキスタンのグワダルは、ホルムズ海峡から300キロという戦略的要衝の地に位置しています。スリランカのハンバントタに、中国の融資で、大型船が停泊できる港を作っています。また、バングラデッシュのチッタゴンでは、コンテナ施設を拡張しており、ミャンマーのココ諸島には、監視施設を設置しています。

これらは、現状では、防護された海軍基地ではないため、有事には極めて脆弱なものになると考えられますが、中国にとって、奇襲機会の獲得など、平時と戦時の連続性を考えた場合、自らのシーレーンの防衛と他国の通商路妨害の礎となり得るものです。中国海軍の水上艦艇は、ほとんどの海軍が通常実施していない、機雷敷設訓練を毎年義務付けられていると指摘されており*24、これらの港湾にアクセスする中国艦船が機雷敷設による他国通商路妨害のポテンシャルを有していることは、念頭に入れておかなければならないことです。

潜水艦の活動

潜水艦は、通常我々の目には触れない隠密兵器です。しかし、たまたま火災等の事故によって浮上することがあります。それを2003年からプロットしてみますと次頁の図のようになります。

2003年5月に明級潜水艦の乗員全員が死亡する事故が起き、その後2003年11月に明級潜水艦が大隅海峡を浮上航行しました。

2004年11月には漢級原子力潜水艦が宮古島・石垣島間の領海を侵犯しました。中国のほとんどの原子力潜水艦は北海艦隊に配備されていますが、中台紛争時、紛争海域となる台湾東方を往復するには、同水道はフラットな海底地形や水深等から最良の通峡路です。特に米海軍から攻撃を受けた手負いの潜水艦が北海艦隊の母港に帰投する際、最短航路が取れるか否かは潜水艦にとって死活問題となってきます。したがって、この水道を日本に気付かれずに通峡できるかは重要な問題となります。

事案のあった二ヶ月前の9月に、それまで陸軍の将官だけで占められていた中国中央軍事委員会に、初めて海軍から張定発がメンバーとなり、し

2003年以降存在が判明している中国潜水艦

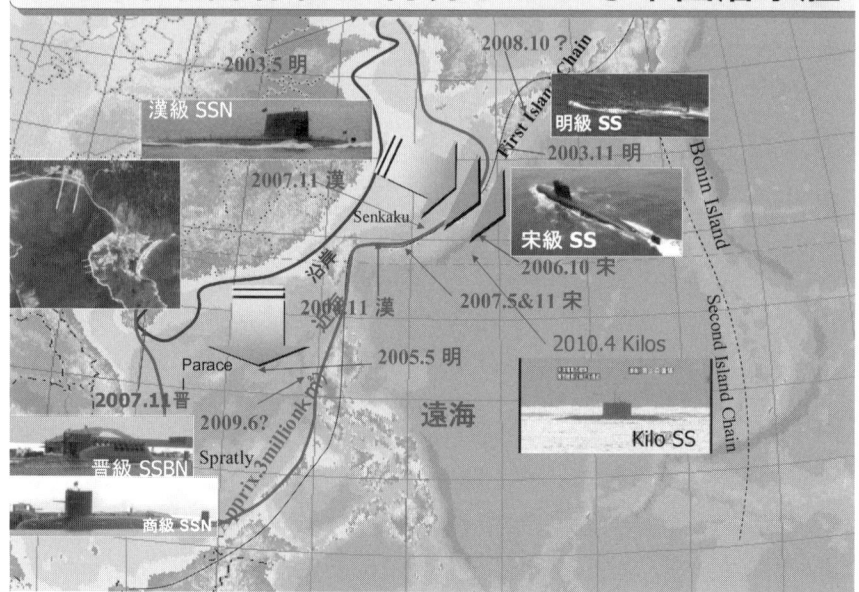

(図中表記)
- 2003.5 明
- 漢級 SSN
- 2007.11 漢
- 2008.10 ?
- 明級 SS
- 2003.11 明
- Senkaku
- 宋級 SS
- 2006.10 宋
- 2006.11 漢
- 2007.5 & 11 宋
- 2005.5 明
- 2010.4 Kilos
- Parace
- 遠海
- 2007.11 晋
- 2009.6?
- Spratly
- Kilo SS
- 晋級 SSBN
- 商級 SSN
- First Island Chain
- Bonin Island
- Second Island Chain
- 近海
- 沿岸

かも彼は潜水艦乗りでかつて北海艦隊司令官のポストにあった人です。そして2009年には、海軍出身の童世平が総政治部の副主任に、また原子力潜水艦の艦長をも務めた孫建国が副総参謀長に就任しています。彼らが就任した頃、グアム島近傍に進出した潜水艦が第一列島線を突破していたといわれています*25。

　2005年5月には南シナ海で明級潜水艦が火災を起こして浮上したことが新聞報道されました。2006年11月には沖縄東方海域を航行中の米キティー・ホーク空母機動部隊に対して中国海軍の宋級潜水艦が魚雷発射可能距離である5マイル以内まで探知されずに近接して浮上しました*26。先島諸島付近では2007年に至って5月と8月に宋級潜水艦が、また日米共同演習が行われた11月9日及び20日前後に、やはり漢級原子力潜水艦が出没しています。

　2007年11月に勤労感謝祭を香港で過ごそうとした米キティー・ホーク空母グループが中国政府によって寄港を断られました。当時のメディアは、

第6章　中国海軍の活動、作戦、ドクトリン

　この原因を米国が台湾に武器輸出をしたからであるとか、チベットのダライ・ラマを受け入れたためであるとか報じましたが、軍事的な分析からは、晋級弾道ミサイル搭載原子力潜水艦を含めた海軍演習を当時南シナ海で行っていたため、キティー・ホーク空母グループに近づいて貰いたくないからと推察できます。キティー・ホークが台湾海峡を北上し始めてから「香港寄港を認める」という通告が米側になされたのは、その時には海軍演習が終了したからでしょう。中国海軍としてはキティー・ホーク艦載の対潜ヘリコプターがソノ・ブイを撒くことによって新しい晋級弾道ミサイル搭載原子力潜水艦の音紋を採られたくなかったからだと思われます*27。

　2008年10月に四国と九州の間の豊後水道で潜水艦らしき物体が発見されたとの報道がありました。2009年6月には米海軍のイージス艦ジョン・F・マケインが曳航していたソーナーを中国潜水艦に引っかけられたという報道がありました。そして2010年4月にはキロ級潜水艦2隻を含む10隻の艦隊が南西列島を通過して沖の鳥島沖で対潜訓練を実施しました。

　こうした潜水艦の活動はたまたま表面に出た件数ですので、氷山の一角であり、実際の活動はこの十倍はなされていると認識するのが妥当でしょう。日本から中東に伸びる大切なエネルギーを運ぶ海上交通路に中国潜水艦が多数行動していると認識しなければなりません。潜水艦はミサイルと魚雷による水上艦船攻撃及び機雷を隠密裏に敷設するのには絶好のビークルです。中国海軍は潜水艦部隊への最も基本的な要求事項として潜水艦からの機雷敷設を考えており、青島の潜水艦学校における中級指揮レベルの学生は、機雷敷設について集中的に学んでいるといいます*28。

　潜水艦部隊に対する中国海軍士官マニュアルには、潜水艦の任務として、この機雷戦をはじめ、敵基地と沿岸の攻撃、海洋パトロールと偵察、戦略的核打撃、後方陸揚げ、捜索・救難が挙げられています。戦略的核打撃は晋級潜水艦が稼働状態になって具現化されるでしょう。また「後方陸揚げ」は、他の海軍ではとうの昔に諦めている任務です。電子戦、対潜水艦戦や空母攻撃、特殊作戦や他の海軍部隊との共同作戦については言及されていないことが指摘されています*29。

情報収集活動

　中国の航空機が防空識別圏に侵入した際の航空自衛隊戦闘機による緊急

発進（スクランブル）回数は、平成21年度から58回増加し、22年度は96回となっています。

　2011年3月に、情報収集機型と哨戒機型の2機のY8が日中中間線を越えて南下し、尖閣諸島に近接しました*30。電波収集が行われたと観られます。また、第5章で見たとおり、試験段階の可能性はありますが、2008年に音響測定艦を就役させています。これにより海上自衛隊や米海軍の潜水艦の音響特性を収集し始める可能性があります。

　また広州に繋がれている「向陽紅」、上海を基地としている「遠望」といった約30隻の調査船については、総参謀部第三部と軍事科学院の共同でSIGINT（電波情報）収集といった情報戦のために使用されているという記事がパリのインテリジェンス・オンラインからネットで発信されています*31。このように戦闘に必要不可欠な電波・音響情報のカタログ化が進展しつつあると考えられます。

　しかし、広域監視については、初期的段階にあると観ることができます。冷戦時代、日本近海で海上自衛隊と米海軍が共同訓練を行うと、必ずソ連海軍航空隊のバジャー（Tu-16、中国ではH-6）やベアー（Tu-95）、場合によってはバックファイアーといった海軍機が監視活動に来ましたが、これまでのところ、同じような共同訓練を行っても中国の監視・偵察機が飛来するとは稀です。

機雷戦の目的と奇襲性

　中国は、潜水艦戦や対空・対水上戦などと違って、機雷戦に関しては、その歴史と経験を有しています。米海軍大学の中国海洋研究所が2009年6月に出版した『中国の機雷戦』から主な歴史を紐解いてみましょう。

　1363年に明は、漢との戦いにおいて機雷敷設船を用いたと言われており、16世紀には中国沿岸で活動していた海賊を攻撃するための沈底機雷の詳細な設計と敷設方法を記録した武器編纂集を出版しています。清朝時代には、天津機雷学校が設立され、また数世紀後の日中戦争（支那事変）において、紅軍は揚子江における日本海運に対する機雷敷設のため、国民党の海軍と協同しました。1949年に中華人民共和国が設立された後、海軍士官達は、機雷武器の特異な戦闘・作戦上の特徴、即ち脅威が長く持続することや、攻撃が隠密裏であること及び意外な戦果が生じることを知った、とされて

第6章　中国海軍の活動、作戦、ドクトリン

います。そして1950年4月、人民解放軍は国民党が揚子江に敷設した機雷を除去するために機雷掃海部隊を創設しました。ソビエトの専門家達の指導の下、4隻の揚陸艦艇が掃海艇に改造され、その年の10月には任務を成功裏に完遂しています。1953年2月、北京の海軍司令部は、米国の両用戦部隊が共産国側の領域に侵攻してくるのを防ぐため、小規模な派遣部隊に対して機雷堰の構築を命じ、4月6日、5隻の艦艇部隊が清川江河口に到達し、様々な環境条件に応じた対応と戦術的革新というソビエトのドクトリンに従って機雷の敷設を試みました*32。

1956年、中国の初の国産掃海艇モデルの設計に、第一機械製造工業省・造船工業管理局・第一工業生産物設計事務所が着手しました。1972年5月、米海軍が北ヴェトナムのハイフォン港に機雷を敷設した際、中国はハノイからの支援依頼に直ちに応じ、月末に人民解放軍海軍の機雷調査チームがハイフォンに到着し、捕獲した米国機雷の分解調査を始めました。そして、その年の7月から翌1973年8月までの間に、人民解放軍海軍は12隻の掃海艇と4隻の支援艦艇及び318名の人員をヴェトナムに送り、少なくとも1名の死者を出し、中国の掃海艇は27,700海里を航掃して、音響掃海具、ダイバー及びその他の方法により米国機雷46個を排除したとされています*33。

また『中国の機雷戦』は、人民解放軍海軍の戦略家達が、機雷が「敷設し易くかつ掃海し難く、その隠された潜在能力は強固であり、その破壊力は高く、その脅威の有効性は持続する」ということを力説していること、2006年11月の人民解放軍の新聞『解放軍報』が「軍事専門家が広大な海の戦いに注目する時、（略）潜水艦による隠密裏の魚雷攻撃と巧妙な機雷敷設は、依然として近代海軍の主要な戦闘装備である」としていること、2008年版中国国防白書の中でも「機雷敷設」は3回使われていること、2006年版「軍事科学」の作戦・戦術ドクトリンに関する教科書（『戦役学』、国防大学出版社）が、「我々は、機雷を全面的に使用すべき、（略）敵の港湾や海上交通路に対して大規模な機雷敷設を行うことができる」としていることに着目しています。更に人民解放軍海軍が、第二次世界大戦中、81万個の機雷が敷設され、約2,700隻の船舶が沈められたことを高く評価していること、中国の戦略家達が1945年の日本に対する米国の機雷敷設戦で12,053個の機雷が使われ、670隻の日本船舶が破壊されたことに着目している

こと、そして、湾岸戦争における機雷敷設戦と対機雷戦で、米国が、全てのイラクの機雷を掃海するのに半年以上も費やしたことから、中国人民解放軍が敷設するであろう機雷の全部を掃海することは、米軍にとって容易ではないと考えていること、逆に米海軍の最新バージニア級潜水艦の対機雷戦能力などについては大変関心を持っていることを紹介しています*34。これらのことから中国海軍が機雷戦に並々ならぬ努力を傾注していることが窺い知れます。

　中国の機雷戦の主要目的は、敵の基地、港湾及び海上交通路の封鎖・妨害、敵の海上輸送能力の破壊、敵戦闘艦艇の機動力を殺ぐこと、敵の戦闘力の消耗及び損傷*35にあると考えられます。「封鎖」に機雷を用いることは、安価で最も効果的な方法です。台湾の隣接海域での敷設は、対台湾「封鎖」作戦に特に有用です。中国の航空機、潜水艦、水上艦艇及び改造された民間船により、種々の機雷が、沖縄等にある日本の港湾、グアム及びハワイにある米軍基地の沖合海域に敷設されれば、米潜水艦や水上艦艇の進出を制約します。朝鮮半島での紛争において、北朝鮮南西域から半島沿いに機雷原を設けることは、北朝鮮を護る意図を表し、韓国への圧力となるでしょう。ヴェトナム、フィリピン、マレーシア及びインドネシア周辺は、浅い海域で、かつ、制約された航路に依存しているところであり、中国の機雷敷設に対しては脆弱です。

　ドクトリン面でも、中国人民解放軍に浸透している「先制攻撃」の概念は、特に機雷戦において大きな意味をもっています。機雷戦に関する中国の著書の中にしばしば現れるこの語句は強い先制の性向を示しており、機雷の隠密敷設は奇襲の利点を与えることになります。機雷は戦闘作戦における先制の重要な構成要素になっており、機雷の隠密敷設は、奇襲の利点を与えるものとなります。軍事科学院の上級大佐が積極防御戦略に関し「柔軟性」について述べた中の、「敵を制する奇襲機会の獲得も行う」兵器と捉えられていると解することができるのです。台湾の機雷戦能力について、中国の機雷戦専門家達は、「台湾の機雷敷設能力は既に知られているので、簡単に除去されて当然だ」と断言し、「先取り」の問題として、「もし機雷敷設を迅速に行うことができないならば、恐らく戦争勃発前に機雷戦任務を達成することは不可能であろう」と、より直接的に先制の性向について示唆しています*36。

第6章　中国海軍の活動、作戦、ドクトリン

* 1 第8回全国人員代表大会第5回会議で採択（1997年3月14日）。
* 2 中華人民共和国国務院新聞弁公室『2008年中国国防』（北京、2009年）第2章。
* 3 中華人民共和国国務院新聞弁公室『2010年中国国防』（北京、2011年）第2章。
* 4 中華人民共和国国務院新聞弁公室『2008年中国国防』（北京、2009年）第2章。
* 5 日中安全保障フォーラムにおける軍事科学院の陳舟上級大佐の基調報告。『第31次訪中団報告書（20.5.20-5.28）』（中国政治経済懇談会、平成20年8月5日）51～52頁。
* 6 日中安全保障フォーラムにおける軍事科学院の陳舟上級大佐の基調報告。「『31次訪中団報告書（20.5.20-5.28）』（中国政治経済懇談会、平成20年8月5日）55頁。
* 7 中華人民共和国国務院新聞弁公室『2008年中国国防』（北京、2009年）第2章。
* 8 同上。
* 9 「胡錦涛主席、海軍の防衛作戦能力の向上を指示」『人民網日本語版』2006.12.28付。（http://j1.people.com.cn/2006/12/28/jp20061228_66420.html）
* 10 中華人民共和国国務院新聞弁公室『2008年中国国防』（北京、2009年）第5章。
* 11 同上。
* 12 同上。
* 13 『第31次訪中団報告書（20.5.20-5.28）』（中国政治経済懇談会、平成20年8月5日）、15頁。
* 14 中華人民共和国国務院新聞弁公室『2006年中国国防』（北京、2006年）第2章(4)。
* 15 中華人民共和国国務院新聞弁公室『2008年中国国防』（北京、2009年）第2章。
* 16 「北東アジア安全保障フォーラム2010」での発言。『第31次訪中団報告書（20.5.20-5.28）』（中国政治経済懇談会、平成20年8月5日）、55頁。
* 17 『第33次訪中訪中報告書（22.6.2-6.11）』（中国政治経済懇談会、平成22年8月25日）、26頁。
* 18 軍事科学院戦争理論・戦略研究部研究員（上級大佐）の「日中安全保障フォーラム2008」における発言。『第31次　訪中報告書（20.5.20-5.28）』、53頁。
* 19 香港紙『文匯報』2004年7月16日付。
* 20 2006年7月に中国国際戦略学会を石破防衛庁長官（当時）が訪れた際の唐寅初高級顧問（退役少将）の発言などに見られる。
* 21 「大連艦艇学院長・林治業少将談話」（『艦船知識』1989年11月期）。
* 22 Jan van Tol, Mark Gunzinger, Andrew Krepinevich, and Jim Thomas, *AirSea Battle: A Point-of-Departure Operational Concept* (Washington, DC: Center for Strategic and Budgetary Assessments, Washington, DC, 2010), p.19-20 を参考に記述した。
* 23 防衛省防衛研究所編、『中国安全保障レポート』平成23年3月、13頁。
* 24 Bernard D. Cole, *The Great Wall at Sea second edition*, Naval Institute Press, 2010, p.166.
* 25 2009年2月頃にグアム島近傍で確認された中国潜水艦について2010年末に報道されている。（「中国原潜、第1列島線突破；日米警戒網の穴を突く：宮古－与那国間を通過か」『産経新聞』、2010. 12. 31付。）
* 26 Bill Gertz, "China Sub Secretly Stalked U.S. Fleet", *Washington Times*, November 13, 2006.
* 27 2010年1月、当時太平洋軍司令官であったキーティング元海軍大将も、この太田の分析に賛同した。

*28 Andrew S. Erickson, Lyle J. Goldstein, and William S. Murray, *Chinese Mine Warfare,* U.S. Naval War College, June 2009, p.33.
*29 Bernard D. Cole, *The Great Wall at Sea second edition*, Naval Institute Press, 2010, p. 147.
*30 「中国海軍機、尖閣に最接近；空自 F15 が緊急発進：『ここまでは初めて』と防衛省」『産経新聞』、2011.3.3付等の報道。
*31 Paris Intelligence Online, http://www.indigo-net.com 04/10/2007 THE PLA'S INFORMATION WARFARE PROFILE, 2007年10月30日アクセス。
*32 Andrew S. Erickson, Lyle J. Goldstein, and William S. Murray, *Chinese Mine Warfare,* U.S. Naval War College, June 2009, p.6.
*33 *Ibid.*, p. 7-8.
*34 *Ibid.*, p. 1-5, p. 50.
*35 *Ibid.*, p. 1.
*36 *Ibid.*, p. 42-43.

第7章

海軍以外の海洋アセット

第1節　中国の海洋関連機関

　中国の海洋関連機関は大きく分けて中央軍事委員会に属する機関と、国務院に属する機関とに大別されます。中央軍事委員会隷下の組織としてはまず海軍があり、これは任務を侵略阻止、海洋権益防護、領土統一にしています。また中央軍事委員会は、国務院隷下の公安部の下部組織で沿岸警備を任務とする人民武装警察、さらにその隷下の辺防局海警部隊の統制も行います。これは「海警」として、日本の水上警察に相当します。「海警」は準軍事組織として各省・市の辺防総隊に設置され、旧フリゲート艦等を改装して使用しています。

　国務院の隷下には、先ほどの公安部以外に農業部、交通運輸部、そして国土資源部があります。そして農業部の下部組織として漁業活動の指導、統制、管理を行う海魚業監視局があります。この部局は、中国海洋権益の保護を行う観点から、最近規模や任務が拡大し、海軍の退役艦艇で増勢しています。尖閣列島周辺に時々出没する「魚政311」などは総トン数4,600トン、最大速力22ktです。この「魚政」は日本の水産庁に相当します。

　さらに交通運輸部の隷下には海事局があって、海上交通の管理、船舶・船員の管理を行っています。これは「海巡」と呼ばれ、日本では海上保安庁交通部の海難審判庁が相当するでしょう。

　最後に国土資源部ですが、この隷下に海洋権益保護や海域使用管理そして海洋環境保護等を任務とする国家海洋局があり、その隷下部隊として海監総隊があります。この「海監」は日本の海上保安庁警備救難部に相当し、約300万km^2海域の管理を行っています。

この外に、出入国検査や関税徴収、衛生管理を担当している税関があります。
　以上の「海警」「魚政」「海巡」「海監」「税関」の5つを俗に五龍（5-Dragons）と称しており、後述する海上民兵や武装警察による武装漁船・武装工作船等と共に、平時の非軍事力活用の一環として政治と軍事の一体化を図っており、これらの組織は最近、増勢・強化されています。
　一体化の例として、2009年3月に発生した米海軍音響観測船インペッカブルへの航行妨害に際しては、海軍の情報収集艦、漁業局の漁業監視船、国家海洋局の海洋調査船、トロール漁船2隻の合計5隻の艦船がインペッカブルを包囲しました。
　日中間には海上での危機に対応するホット・ラインが未だできていませんが、その理由の一つに、中国の海洋関連部門には上記のように海軍だけでなく、国家海洋局、国家海事局、海監総隊、農業部漁業局や税関など様々な部門があって窓口が一つでないことが挙げられています*1。

第2節　国家海洋局

　国家海洋局（State Oceanic Administration-SOA-）はかつて海軍に属していました。現在は国務院隷下の国土資源部に隷属し、人員は約1万人で、予算が最近急増していることから重要視されていることが分かります。
　2000年当時局長であった王曙光は2000年7月に中国の海洋に対する考え方について発言していますが、この発言に中国の海洋に対する戦略が端的に現れていますので紹介したいと思います。「海洋資源争奪戦は始まったばかりであり、海を制した者が生き残り発展する。近代的な海軍強国を建設する」とし、海洋に対する認識としては第一に「国際政治闘争の舞台」、第二に「資源の宝庫」と捉え、また21世紀海洋事業の目標としては、第一に「海軍を増強し、海洋権益を確保」、第二に「海洋強国を目指した戦略の確立」、第三に「関連法規の整備」、第四に「海洋研究の重視」を挙げています。ちなみに2004年5月に「沖ノ鳥島は島ではなく岩であり、日本の排他的経済水域（EEZ）は存在しない」との主張をする論文は国家海洋局の学者達が発表しました。
　2005年から国家海洋局長となった孫志輝は、「中国の管轄権の海域のた

め、軍と民の両方の安全保障システムを設立する目的で、海洋監視用の航空機、艦船、浮標、陸上基地と共に海洋監視衛星を共同使用していく」とし、2006年からは「非正規戦から正規戦へ」海洋パトロールを転換させています*2。

　国家海洋局は、我が国周辺に遊弋している向陽紅、東方紅といった調査船を保有しています。2001年に日中間で「海洋調査活動の相互事前通報の枠組み」が成立し、海洋調査を我が国の排他的経済水域で行うには事前通報を義務付けましたところ、その年の違反はありませんでしたが、翌2002年に1回、2003年には6回、2004年には18回の違反事象がありました。違反事象とは、事前申請と異なる活動をしている場合と、事前申請のない活動、という二つのケースに分かれます。それでは中国は、こうした調査船によって何をやっているのでしょうか。

　海洋調査の狙いは二つに区分できます。第一は、日中中間線から沖縄トラフまでの間の海洋調査ですが、中国は自国の大陸棚が沖縄トラフまでであると主張しているため、大陸棚斜面及び縁辺部の調査をし、提出期限であった2009年5月までに国連に提出、大陸棚としての認定を受けるためのデータ収集をしていました。確かに1967年の国際司法裁判所判決では「陸地からの自然の延長は沿岸国に属す」とする大陸棚自然延長論を示しましたが、1985年以降の国際司法裁判所の判例は、日本が現在主張している中間線を基本に解決を探るものばかりです。後述するように中国はヴェトナムとの間では中間線を主張してダブル・スタンダードを取り、韓国との間では問題を棚上げしています。要するに日本は舐められていると認識すべきでしょう。

　第二は主として南西列島以東の海洋調査ですが、一応海洋法条約では平和目的と規定されている科学調査データを、軍事目的あるいは資源探査に利用しているのではないかと思われます。水面から上のセンサーは電磁波で行いますが、水中は音波で行います。電磁波は直進しますが、音は水中で、圧力、温度、塩分という三つの要素によって屈折します。したがって、そのデータを春夏秋冬、そして夜昼集めておけば、何時、何処で、どのように音波が屈折し、潜水艦が見つからない、いわゆるシャドウ・ゾーンが事前に把握できて有利な潜水艦作戦が遂行できます。

　なぜなら潜水艦が水上艦艇を攻撃する手段としては、魚雷かミサイルで

すが、ミサイルは単に艦艇の構造物に被害を与えるだけで、魚雷のように水線下に穴を開けて撃沈させることは困難です。したがって、魚雷攻撃の方が有利なのですが、そのためには水上艦艇に相当肉薄しなければなりません。その際、どれくらい近寄ったら水上艦艇から探知されるのかを予め知っておけば、効果的な対水上艦戦ができるのです。

　潜水艦作戦だけでなく、機雷の中にも音響で作動するものがあることから、音波伝搬状況を事前に把握しておくことは有利な機雷戦遂行にも繋がります。ちなみに2006年には東シナ海でも、また西太平洋でも「環境調査」という名目で海洋調査が行われています。

　国家海洋局は、北極海の「環境調査」にも興味を示しており、砕氷船「雪龍」で1999年、2003、2008、2010年に北極海の探査を行いました。この目的について、2008年9月にカナダのヴィクトリアでカナダ太平洋海軍主催の「海洋の安全保障に対するチャレンジ」に関する国際会議に出席した中国国家海洋局員は「北極海の気団が中国本土に与える影響を調査するため」と発表していましたが、太田が個別に聞いてみると「地球温暖化に伴って北極海の氷が溶けることによる欧州からの海上交通路啓開、また北極海の資源に関しても関心がある」と話していました。さらにベーリング海峡は水深が浅いため、可能性としては低いのですが、将来は戦略弾道ミサイル搭載原子力潜水艦（SSBN）のパトロールをも視野に入れているのかもしれません。

中間線のダブル・スタンダード

　中国はヴェトナムとの間の中間線に関し、トンキン湾における排他的経済水域の中越境界線の画定問題において、ヴェトナムが、当初、海南島近くに海溝があることから湾全体がヴェトナムの「大陸棚」にあたると主張しましたが、中国は国際判例をもって「中間線」論を主張しました。国際司法裁判所や仲裁裁判の判例では、例えば1985年のリビア・マルタ大陸棚境界画定の判決で、「暫定的な中間線を引くことが思慮ある方法」とするなど、「双方の海岸線から等距離の海域に暫

第　章　海軍以外の海洋アセット

定的な線を引き、そこから、小さな島の位置を勘案して微調整したところを境界線とする」という考え方が一般的になっています。

中国とヴェトナムは、中間線を引くことで合意し、「トンキン湾経済水域及び大陸棚確定協定」と「漁業協力協定」を結んで2004年6月に発効、両国の中間線が境界線となっています。日中中間線問題では、中国がヴェトナムのように「大陸棚」論を持ち出しており、日本が中国のように　去の判例を基に「中間線」論を主張しています。中国は国際司法裁判所 International Court of Justice-ICJ- に付託することも拒否しています。

　国との間の中間線に関しては、　於島　中国では蘇岩礁と呼称。　の問題があります。　於島は朝鮮半島最南端の島から西南方に149キロ（80海里）　れた場所にある暗礁です。国際海洋法条約では暗礁は領土として認められていないため、基本的には両国の中間線が排他的経済水域の限界となります。この原則からすれば、　於島は　国の排他的経済水域内にあり、　国の人工的建　物の設置は認められます。　国は、「　於島は明らかに　国の領土」としてその領有を主張し、その暗礁に海洋調査施設を建設しました。それに対し中国は、「中国側の大陸棚の延びる水域において　国との間で排他的経済水域の確定をしておらず、　於島への　国の領有権の主張や建　物の建設は一方的な行動であるため法的効力はない」と主張し、「大陸棚」論を提起したものの、実効的な施設建　などの行為を伴っている　国の「中間線」の主張の前に沈　し、これを暗　のうちに認めたかたちで推移しています。

東シナ海において、中国は沖縄トラフまでを自国の大陸棚であると主張、日本は大陸棚の土質は南西諸島東側の琉球海溝まで繋がっていることから、日中中間線を主張していますが、日中中間線の日本側海底資源調査を行うとの声明を日本が出した直後の2005年9月、中国は春暁油田のオイル・リグ周辺に軍艦を派出しました。

このように、中国は国際的な規範・法律を自国に有利なように解釈し、そ

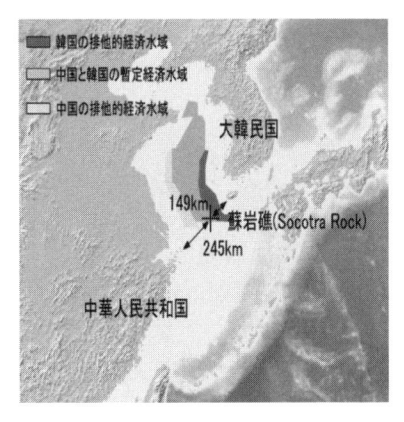

117

れを実力をもって遂行しようとする傾向があることに注目しなければなりません。これは第1章で紹介した「法律戦」の一環としてとらえることができるでしょう。

海監総隊（海洋監視サービス）

多くの軍事的沿岸警備組織は海監（中国海洋監視サービス China Marine Surveillance Service-CMS-）として行政的には国家海洋局の隷下となり、海監は緊密に海軍と連携を保つと共に、海軍は海監の作戦を密接にコントロールしようとしています。

海監は1960年代中盤から、その親組織は存在していましたが1998年10月19日に創設されました。海監は中国の領海、排他的経済水域、沿岸で、海洋環境、天然資源、航法施設等を防護し、海洋監視を遂行するという法秩序執行の責任を有しており、捜索・救難任務も遂行します。

海監は准軍事組織であり、地方司令部は、渤海と黄海を担当する青島、東シナ海を担当する上海、南シナ海を担当する広州との分かれており、各地域司令部は三つの海洋監視小艦隊と航空部隊、そしていくつかの通信・後方支援部隊を保有しています。

海監の人員は青と白の制服を着て軍事訓練を受け、幹部は中国海軍予備役として任官します。2005年の段階で海監は91隻の巡視船と航空機4機を保有し、11の省、50の市、150の県の海洋監視部隊が中国の沿岸地域で行動しています[*3]。

2008年10月の人民解放軍海軍報告書では中国の「海監」は「人民解放軍海軍予備役」となることが表明されました。同報告書で、海監には准軍・海洋法執行兵力として中国領海のパトロールと監視任務が与えられています[*4]。こうした海監部隊は東・南シナ海で米国海洋調査船等の行く手を遮るなど、数多くの妨害行為を担当しています。即ち黄海で2001年に米海洋調査船ボウドウイッチを、2009年5月に同じく米海洋調査船ヴィクトリアスを、また2009年3月に南シナ海で米海洋調査船インペッカブルの航行を妨害した中国民間船、さらに2010年5月に黄海で日本の海上保安庁調査船を追っ払った中国船は海監でしょう。彼らは民間人の服装をし、中国の軍艦旗を挙げていませんが中国海軍の指令を受けて行動しているものと思われます。

第7章　海軍以外の海洋アセット

第3節　海上民兵

　海上民兵は地方毎に漁民をもって構成され、海軍が実施する演習に定期的に参加していることから、海上作戦上の一定の機能・役割が与えられており、実に厄介な存在です。
　歴史を辿れば、まず国共内戦の時、民間船舶が実際に水路から機雷を排除しました*5。建国の1949年、中国人民解放軍は広東省の汕頭港における機雷の排除に漁船を用いています*6。海上民兵は1950年代初期に、中国の漁業船団を保護し沿岸貿易を国民党海軍の略奪から守るために組織化され、当時の海上民兵は大部分が機関銃と小火器で武装したトロール船で形成されていました。彼らは地方の中国共産党支部によってコントロールされており、任務遂行時共産党の代表を載せていました*7。
　1974年にはヴェトナムが領有している西沙群島の永楽諸島に対して漁民の操業を装って占領しました。1978年には尖閣列島に100隻を超える中国の漁船団が出現しました。また1990年代前半に米国がフィリピンから撤退するとフィリピンが領有権を主張しているミスチーフが中国によって乗っ取られましたが、当時中国は「漁民の避難所」という名目で海上民兵を進駐させました。2010年9月に尖閣諸島沖の海域で海上保安庁の巡視船2隻に体当たりした漁船は、この海上民兵であると思われます。
　2003年に中国人民解放軍軍事科学院の軍事分析官は「中国沿岸民兵のための四つの支援役割」として「海上における偵察と警戒」「情報支援」「海上補給の安全保障で民間船による支援」「海上での欺瞞と陽動作戦」を挙げています*8。
　この海上民兵は外見が漁船であることから、初度発見の段階では識別が難しく、商用を装って相手艦船に接近し、隠し持っている魚雷等で攻撃したり、漁労中を装いながら大群で周囲を取り囲んだりして作戦行動を妨害し、また相手から攻撃を受ければ、「敵は無実の漁船を攻撃した」と宣伝し、第1章で述べた「輿論戦」として国際世論操作の格好の材料を提供することができます。そして実戦場面では海における人海作戦として我が方の弾薬やビークルを消耗・飽和させて継戦能力を奪うことになります。
　特に、中国の海洋関係書の多くの著書は、機雷戦機能のような海軍の軍務に民間船舶が編入されていることを度々言及しています。次の写真は中

（中国のインターネットから）

国周辺海域の至る所にあるような民間漁船2隻が、2004年12月に人民解放軍海軍の三亜基地における人民民兵の大きな演習の一部として、沈底機の敷設を訓練している模様で、このような演習は人民解放軍海軍の各基地で定期的に行われています*9。こうして機 戦は究極の「海における人民戦争」を支えることができます*10。さらに、民間船を使用した東海艦隊演習では、機 敷設だけでなく種々の機 排除にも焦点を置いていました*11。

現代のクラウゼヴィッツと言われている英国のルパート・スミス 役陸軍大将は、その著書『軍事力の役割—現代世界の戦争学—(The Utility of Force-The Art of War in the Modern World-)』の中で将来の戦争は「これまでの国家間の産業戦争から民衆の中での戦い War amongst the people に移行する」と喝破していますが*12、これは単に陸上戦闘のみならず海戦についても同様で、アデン湾において漁船か海賊かわからないような海域での対処を始めとして、今後は民船か軍艦か良く判らない海上民兵を相手にして戦うことを念 におかなければなりません。

かつての福建軍管区司令官は、毛沢東の言葉を引用して、「ハイテク条件下における海上民兵によるゲリラ戦は、敵を混乱させ すための陽動作戦を含んでおり、海上における敵を悩ます襲撃を行い、封鎖作戦や敵の島嶼施設を破壊するための打撃作戦を 行することができる」とし、計画・準備を速じて「科学的組織」と統一した指揮、緊密な 携、隠密性、イニシャティブの確保、迅速な作戦を要求するゲリラ戦と特徴づけています。このコンセプトを実践するうえでは限界があると思いますが、2009年に米調査船を東・南シナ海で妨害したのは、この考え方を適用していると言えます*13。ちなみに2010年9月に尖閣列島で我が国の沿岸警備艇に退突した漁船は福建省泉州市の漁民でした。

第7章 海軍以外の海洋アセット

第4節　海　巡（中国交通運輸部海事局）

中国交通運輸部海事局（Maritime Safety Administration-MSA-）は、1990年代後半に組織化され、航海識別施設の管理や航路調査、船舶・海洋施設の点検を監督し、また海洋環境の漁船・軍艦以外の船舶汚染の監督・管理も行っており、運輸システムにおける重要な法執行部隊とされています。即ち海上交通管理や船舶・船員管理、そして海上捜索・監視に従事する組織と言えましょう。所属する船舶としては「海巡11」などで、排水量3,000トン、最大速力22kt、そして艦載ヘリコプターを装備しています。担当海域は中国の排他的経済水域を含み2010年から2020年にかけて次のような発展的な目標を指示されています。

まず2010年の目標は、「海洋法を執行し海洋交通の安全監視のため対応時間を短縮して近代的な海洋管理システム」を構築することであり、2020年の目標は「全天候に対応できる能力と短縮された対応時間と共に近代的な多機能海洋安全システム」を構築することであると。

2006年にはサルベージに関する責任も再組織化され、中国救難・サルベージ局を通じて遂行するようになりました[14]。

---

[1] 防衛省防衛研究所編『中国安全保障レポート』平成23年3月、72頁。
[2] Quoted in Lie Ke, "China Enhances Protection of Its Rights in Disputed Sea Areas-Establishment of a Regular Maritime Patrol and Rights Protection System within Entire Sea Areas Shows China's Capability and Determination to Maritime Its Jurisdiction over Disputed Sea Area," *Guoji Xianqu Daobao*, 24 October 2008.
[3] Bernard D. Cole, *The Great Wall at Sea second edition*, Naval Institute Press, 2010, pp.81-82.
[4] Zhang Xinxin, "The China Marine Surveillance Force Will Soon Be Incorporated into the Reserve Force of the Chinese Navy," *Renmin Haijun*, 27 October 2008.
[5] Wang Guangxin and Chen Yijing, "On the Scene in the East China Sea," pp. 5-6.
[6] 汪光鑫, 陈逸静, "东海目击: 军民联合海上扫雷演练", 舰船知识, January 2001, pp. 5-6.
[7] Bernard D. Cole, *The Great Wall at Sea second edition*, Naval Institute Press, 2010, p.79.
[8] Zhou Zhiquan and Chen Ming, "Missions that the Militia Could Perform to Support the Front and Participate in Naval War," *Beijing Guofang*, 15 June 2003.
[9] Andrew S. Erickson, Lyle J. Goldstein, and William S. Murray, *Chinese Mine Warfare*, U.S. Naval War College, June 2009, p.51.
[10] Peng Guangqian and Yao Youzhi, eds., *The Science of Military Strategy*, 2005, p.

456.
* 11 Wang Guangxin and Chen Yijing,"On the Scene in the East China Sea," pp. 5-6.
* 12 Rupert Smith, *The Utility of Force-The Art of War in the Modern World-*, Penguin Books, 2006, xiii
* 13 Bernard D. Cole, *The Great Wall at Sea second edition*, Naval Institute Press, 2010, p.153.
* 14 *Ibid.* p.80.

第8章

対　策

第1節　自助努力

　まず、同盟・友好国に期待する前に自助努力を行わなければなりません。中国海軍は、当面 A2/AD 戦術をとっている以上、これらの動きを封ずる努力をしなければならないと思います。

　まず、海上交通路の防護についてですが、消極的な防御方法として回避があります。情勢緊張時になったら、現在のバシー海峡から南シナ海を回避してフィリピン東方からロンボク海峡に至るルートを採ります。マラッカ海峡を抜けるルートよりは燃料も、また日数もかかりますが、止むを得ません。

　また中国の弾道ミサイル攻撃に対する消極的な防御方法として、基地の坑堪化が必要です。これは自衛隊の基地のみならず、米軍基地も坑堪化しなければ、米軍は危険に晒された日本を去ることに繋がるでしょう。冷戦時代には北方の三沢基地をホストネーション・サポートによって坑堪化しましたが、沖縄の嘉手納基地の坑堪化は不十分で、これが米空軍をしてグアム島移転への誘惑要因にもなっています。一つの基地が破壊された場合でも代替基地を保有しておくと坑湛性が増します。この意味では海兵隊が辺野古に新たに滑走路を新設することは方向性としては間違っていませんし、自衛隊も那覇基地が使用できなくなった場合に備えて、例えば下地島のような所に代替基地を整備しておくことが得策と思われます。

　さらに、限られたアセットを有効に活用するためには、各省庁の協力・連携、即ち省庁間協力（Interagency）努力がスムーズに行われる必要があるでしょう。具体的には海上保安庁から海上自衛隊へ、警察から陸上自

衛隊への移行が、狭間を衝かれないような形でなされる必要があります。海上保安庁と海上自衛隊の共通の交戦規定（Rules Of Engagement-ROE）の策定なども重要なポイントです。

そして関係省庁が一同に介して、蓋然性の高いシナリオに基づき図上演習を実施しておくことが肝要です。訓練しておかなければ、場当たりの対応となることは、今回の福島原子力発電所の事故で、いやと言うほど思い知らされています。図上演習を行っていれば、法的に改善しなければならない点が明らかになり、それを逐次改善していく切っ掛けにもなるでしょう。

弾道・巡航ミサイル防衛の向上

まず弾道・巡航ミサイル防御能力に関してですが、中国は日米の弾道ミサイル防衛開発に関しては90年代後半から一貫して反対しておきながら、自国ではちゃっかり極秘のうちに開発して2010年に実験を成功させると同時に、着々と日米の弾道ミサイル防衛を無力化する努力を行ってきました。

その第一が機動弾道のMaRV（Maneuvering Reentry Vehicle）や対艦弾道ミサイル（Anti-Ship Ballistic Missile-ASBM-）です。両者ともミサイルが予定した弾道を運動しないため、迎撃ミサイルのシーカーから外れて運動する等、弾道ミサイル防衛が機能しないおそれがあります*1。ASBMは米空母を標的としているようですが、米海軍や海上自衛隊のイージス艦も標的となり得ましょう。

第二の弾道ミサイル防衛対抗策は、チャフ（電波欺瞞紙）や5～10のデコイ（疑似目標）、あるいは旧式のミサイルを発射して、偽の目標に我が迎撃ミサイルを食いつかせることで、10発のミサイルで50～100の目標を生み出せます*2。中国軍は、このようにして弾道ミサイル防衛を飽和状態にすることに対し、自信を持っている模様です*3。

第三の弾道ミサイル防衛対抗策は、多量の弾道ミサイルを同時に異方向から同期させて数秒から数分間、一斉射撃することです。現在、中国の弾道ミサイルに対抗できる日米の主力弾道ミサイル防衛手段である、洋上発射型SM-3の生産数は329発です。仮に、1発の弾道ミサイルに対し、2発のSM-3を発射するとしても、160目標以上には対処できない計算になります。160目標ということはデコイなどを考慮すれば、実際に対処できる

第 8 章　対　策

本物のミサイルは16〜32発ということになりましょう。また、これまでSM-3 の発射試験は、20回実施して16回成功をおさめていますが、実際の戦闘場面で、80％の撃墜率がおさめられるかは疑問なところです*4。

　次に巡航ミサイルに関してですが、ソブレメンヌイ級駆逐艦が装備しているロシア製サンバーンのような超音速対艦ミサイルは、予期しない角度からの攻撃や10Gで旋回して迎撃から逃れますので、米海軍・海上自衛隊が装備しているファランクス・バルカン砲のレーダー誘導では十分な対応をすることができません*5。またサンバーンの射程は250kmであり、日米が装備している対艦ミサイル、ハープーンの130kmをはるかに越え、米海軍・海上自衛隊の艦艇は通常8発のハープーンを装備しているのに対し、中国海軍の艦は16発装備していることから、我が方が1発発射するのに対し中国側は2発発射でき、また中国海軍の艦艇は近接防御砲でハープーンが打ち落とせるのに対し、日米の艦艇は中国の対艦巡航ミサイルが撃ち落とせるのかどうかは疑問です。

　さらには Su-30MK2 といった航空機から発射される対艦巡航ミサイルYJ-91 などは射程400kmですから完全にアウト・レンジされてしまいます*6。こうしたことを考えると、中国のミサイル・セントリック戦略に有効に対処できるのかどうか暗澹たる気持ちになってきてしまいます。

　すなわち単なる防御だけでは「座して死を待つ」ことになるので、今後は米海軍と同じビークルでも海上自衛隊が保有しているビークルには搭載されていない武器の搭載を検討することも必要と思われます。具体的には、哨戒機 P-3C やヘリコプター SH-60 ですが、米海軍のこれらには空対地巡航ミサイルのマーベリックや空対艦巡航ミサイルのペンギンが搭載されています。また、米海軍艦の垂直発射システム（Vertical Launching System-VLS-）には艦対地巡航ミサイルであるトマホークが搭載されていますが、海上自衛隊のこれらには搭載されていません。こうした自らの手足を縛っていた制約の撤廃を考慮すべき時期にきているのではないでしょうか。

　巡航・弾道ミサイルとも、これらに対する有効な手立ては、発射直後のブースト・フェイズか、発射前に発射母体を攻撃するといった積極的防御か、ジャミング・デコイ・電波発射管制・疑似レーダー発射母体の作為といった消極的防御の両方で、これは超音速の巡航ミサイルに対する有効な

手立てを有しない日本にとっても同じです。しかしブースト・フェイズの段階で、航空機あるいは衛星からレーザーで攻撃する Airborne Laser（ABL）は我が国では開発しておらず、ましてや策源地攻撃となると憲法上の制約があり、おまけに真に厄介なことに中国の移動式弾道ミサイル発射機（Transporter Erector Launcher-TEL-）は識別を困難にするために多くの民間車両に紛れて運用したり、橋の下や建物の中に隠され、人口密集地で運用されることが予測されます*7。

したがってこれらへの攻撃は、まず相手の TEL を発見できる高解像度の偵察衛星、トマホークのような長射程巡航ミサイル、それを搭載した潜水艦、また中国の巡航ミサイルを搭載した海軍艦艇を攻撃できる能力を持った攻撃型潜水艦、さらには B-52、B-1、あるいは19機ある B-2 ステルス大陸間爆撃機を保有している米軍に期待しなければなりません。

対潜戦・対機雷戦能力の向上

A2/AD 戦術の主眼は弾道・巡航ミサイルと共に、潜水艦の増強、そして機雷であることから、海上交通路の防御能力向上としての対潜戦、そして対機雷戦能力を向上させる必要があります。中国の潜水艦は、ロシアから輸入したキロ級を除き、国産潜水艦のノイズ・レベルが高いので探知が比較的容易であることから、この分野の能力を高めることは、我が国の海上交通路防護にとって、さらには米海軍の支援に際しても有効であると思われます。

我が国は、原子力潜水艦の90％以上を保有している中国北海艦隊の潜水艦が太平洋に進出するために南西列島線を通過しなければならないという地政学的な利点を有していることから、当列島線沿いに対潜監視網を整備することは極めて有効です。

さらに潜水艦に対して最も有効なビークルは、航空機でも水上艦艇でもなく、同じ環境下で作戦できる潜水艦であることから、長期に潜没して行動できる空気独立推進（Air Independent Propulsion-AIP-）潜水艦の増強、あるいは原子力潜水艦の建造をも検討すべきでしょう。

対機雷戦に関しては、米海軍の対機雷センターが最近テキサス州のインガソルからカルフォルニア州のサンディエゴに移り、この部隊の一部をパール・ハーバーとグアムに送っていますが、日本を基地とする掃海艇は間

もなく4隻にはなるものの、現在のところ佐世保に2隻しかおらず、また台湾海軍は8隻の掃海艇を保有していますが古くて、沈底機雷の感応作動に習熟した艦艇は皆無です*8。このため26隻の対機雷艦艇を保有している海上自衛隊の兵力は米海軍から期待され、かつ中国の海軍構造学会と海洋工学の定期刊行物『艦船知況』には海上自衛隊の対機雷戦能力に関して、多くの記事が掲載され、彼らが相当な関心を払っていることが伺われます*9。我が国は、戦後の掃海作業を始めとして多くの実戦的経験を有しており、引き続き、対機雷戦能力向上のための投資を行っていくべきでしょう。

　逆に機雷戦に関しては、中国海軍北海艦隊の艦艇が太平洋に進出する際には、我が国南西列島線のチョーク・ポイントを通過しなければならないことから、このチョーク・ポイント上に機雷を敷設することは、中国海軍北海艦隊の艦艇を第一列島線内に封じ込めるには大変有効な手段と言えます。中国海軍の掃海能力は伝統と経験があることは既に述べましたが、南西列島線まで掃海活動範囲を拡大するためには、それなりのエアー・カヴァーが必要となってくるため、相当な努力を強いることになります。

サイバー攻撃対策

　中国はこれまでの行動から軍事行動に先駆けて、あるいは同時並行的にサイバー攻撃を仕掛けてくることは明白ですので、サイバー戦防御能力の向上、即ち情報保証を図らなければなりません。国家全体としては内閣官房情報セキュリティセンター（National Information Security Center-NISC-）や警察庁が、また自衛隊としては2008年3月に統幕に新設された、自衛隊指揮通信システム隊や内局の運用企画局の情報通信・研究課情報保証室、そして陸上自衛隊のシステム防護隊、海上自衛隊の保全監査隊、航空自衛隊のシステム監査隊の強化が望まれます。

　自衛隊指揮通信システム隊には「サイバー防護班」も存在しています。2010年9月の尖閣諸島沖の中国漁船衝突事件の直後、中国紅客連盟が9月12日から18日までの間、日本へのサイバー攻撃を行うと告知し、結果的には自衛隊の骨幹ネットワークである防衛情報通信基盤への外部からのアクセス数が一時的に増加し、防衛省のホームページが見にくくなるという事象が起こりました*10。2001年4月1日に米海軍の EP-3 が海南島に強制着陸させられた直後、中国のサイバー攻撃が米国に対してなされており、将

来、中国が尖閣列島や台湾に侵攻する際、サイバー攻撃を併用することはほぼ間違いないでしょう。

　中国は1997年に網軍と呼称する約40万の人員で24時間ネット監視を開始し始めるとともに、同年約100人規模のコンピューター・ウイルス部隊を創設しました。1999年にはハッカー部隊を創設、2003年には北京に情報化部隊を創設しました。2004年から2005年の間に北京以外の6軍管区でも攻防両面の情報戦を遂行する目的を持った特別技術偵察隊（STRU）を創設しました。2007年の評価では、中国は敵意のある暗号適用、電子回路破壊能力、自動暗号化・敵暗号の解読、ワイヤレス・ネットワークの外部からの破壊能力、共通商用ソフト内の未報告脆弱性の利用といったことを「高度データ兵器」として使用する能力を開発している模様です[*11]。

　米国では、議会がサイバー攻撃対処演習を2年に1回行うことを義務付けており、1997年6月にエリジブル・レシーバー、2002年7月のディジタル・パールハーバー、2003年10月のライブワイヤー、そして2006年2月、2008年3月、2010年9月のサイバー・ストームと間断なく行われていますが、我が国でも、こうした全国規模でのシミュレーションを行うことを義務づける必要があると思います。

　そして究極的な対策としては、ミサイル防衛同様「攻撃は最大の防御」、サイバー攻撃の研究や要員の育成も検討すべきであると思います。

第5世代戦闘機の整備

　空軍に関しても、最新の平成21年版防衛白書によれば、日本の航空自衛隊が保有するF-15のような近代的戦闘機であるSu-27・30やJ-10を中国は383機保有しており、日本のF-15とF-2の合計保有機数である291機を既に凌駕しています[*12]。

　第5世代戦闘機と言うのは日本では保有しておらず、米空軍のF-22やF-35のような最新のステルス戦闘機を指すのですが、中国では既に二つの航空機会社が第5世代戦闘機の製造に着手しています。一つは軽量戦闘機を開発している瀋陽航空機会社、もう一つは成都航空機会社で、成都ではロシアの技術協力の影響力の下での重戦闘機と、F-35に相当する軽量戦闘機の二種類の第5世代戦闘機の製造を計画しています。このうちのJ-20が2011年1月、ゲイツ米国防長官の訪中に時期を合わせて、試験飛行

第8章　対　策

の状況がネット上に出ました。

　さらに、例えば2006年に瀋陽で判明したDark Swordのような極超音速の無人航空機、あるいは高超音速の有人機となる第6世代戦闘機も、既に中国は開発に着手しています*13。これに対し日本は第5世代戦闘機を獲得しようと米国にF-22の情報提供を要求したのですが、2007年7月下院の軍事小委員会で拒否されたことから、航空自衛隊は量的だけでなく、質的にも中国空軍に劣ってくることになります。第4世代のF-15と第5世代のF-22が模擬戦闘した結果は0勝186敗に終わっており、中国が第5世代戦闘機を入手した場合、制空権は中国の手中に入ってしまいます。加えて中国では2007年1月、国産最新鋭戦闘機であるJ-10の大量配備と1000機以上生産との報道がなされました*14。

　また、中国空軍は大型長距離輸送機、民航動員といった戦略的遠距離空輸能力の向上や早期警戒機、偵察衛星、無人偵察機といった警戒偵察能力の開発を推進しており、作戦行動範囲の拡大に努めています。さらに戦略爆撃能力の獲得をして攻防能力兼備型への転換を図っています。したがって、第5世代戦闘機の整備は急務であり、今、この問題に適切な手を打たないと、東シナ海の制空権は中国の手中に落ちることは必至です。

情報力の活用

　国力が没しつつある国が、興隆し、かつ現状変更を望んでいる国に対抗するためにどのような対抗手段をとってきたかに関しては歴史に学ぶ必要があります。

　20世紀に入って英国は国力が低下する中、勃興し現状を変更しようとする欧州のドイツ、あるいはアジアの日本に対抗しなければなりませんでした。この時に英国は、勃興する米国に対し相当早くから中南米などに関しては1900年にヘイ・ボーンスフット条約を締結し、大幅に譲歩して友好な関係を保つことに努力しています。その他の強国は、1902年に日本と同盟を、1904年にフランスと協商を、そして日露戦争後の1907年にロシアとも協商を結びます。同時に1906年には最初のドレッドノート級戦艦を就役させ、国防力の増強をも図りました。勃興するドイツとも同盟関係を構築しようとしますが、うまく行かずチェンバレン首相の融和政策となって最終的には戦争に至ってしまいます。チャーチル以降の対独・対日戦略は、如

何にして米国を巻き込むかで、そのためにインテリジェンス能力を活用しました。

　第一次大戦では、ドイツ外務大臣のチンメルマンがメキシコ宛てに「メキシコがドイツ側に参戦したら財政的な援助を行うと共に勝利の暁には米墨戦争によってメキシコが米国に取られたテキサス、ニューメキシコ、アリゾナをメキシコの領土とする」という密約電報を傍受解読し、ウイルソン米大統領に知らせることによって米国を参戦させることに成功しました。

　第二次大戦では、ドイツ海軍の暗号エニグマを解読して米国が解読した日本の外交暗号と交換、またシンガポールや香港に貼りめぐらせた情報網によって得た日本の東南アジア進行計画を逐次米国に通報することによって強硬なハルノートを出させ、米国の参戦を引き出しました[*15]。

　日本は、こうした英国のインテリジェンスを活用した米国引き込み戦略を参考にすべきであると思います。現在、MI-5 や MI-6 といた強力なインテリジェンス機関を持っているインテリジェンス・リテレシーの大国も20世紀初頭まではインテリジェンス機関らしき機関を保有しておらず、20世紀に入ってドイツが英国に対してスパイ行為を増加させたところからインテリジェンス組織を発足しています[*16]。日本も現在のところ強力なインテリジェンス組織を保有していませんが、産業技術スパイを初めとして最近の諜報活動が著しい中国に対して、まず秘密保護法のようなカウンター・インテリジェンス法を定め、有効な対策を採っていくべきだと思われます。

　また手始めとして、「中国は覇権を求めない」とか「和諧社会の構築」、「平和的台頭」といったプロパガンダの虚構性を暴き、如何に中国が過去行ってきた行動と食い違っているかを世界に明らかにすべきでしょう。また米海軍が2007年に公表した「21世紀のシー・パワーに向けた協調的戦略」にしても2010の4年毎の国防計画の見直し（Quadrennial Defense Review-QDR-）にしても中国を明確に脅威と決めつけていません。しかし、実態は脅威として捉えるほどの証拠がありますので、こうした情報を米国にも与えて警鐘を鳴らすべきでしょう。

信頼醸成

　洋上での偶発的な小競り合いがエスカレートしないように海上事故防止協定を締結したり、軍のトップ同士が意志を疎通しあえるようなホット・

第 8 章　対　策

ラインを設けることは喫緊の課題と言えます。中国は韓国との間ではホット・ラインを2010年に設定しました。しかし日中間では2007年4月の温家宝訪日時、両国が目指す協力分野の一つとして「海上における不測の事態の発生を防止する」ことを目的に「防衛当局間の連絡メカニズムを整備する」ことが明記され、2008年4月に北京において第1回共同作業グループ協議が、2010年7月には第2回協議が東京で開催されました。2011年6月にシンガポールで行われた日中防衛相会談では、本件について可能な限り早期に第3回実務者協議を実施することで一致していますが、システムの確立が実現するには至っていません。

その理由の一つとして中国には連絡メカニズムのカウンターパートがどこかになるか、という問題があります。カウンターパートの一つとして国防部外事弁公室が有力ですが、ここは対外交渉の窓口であり、人民解放軍部隊との間に直接の指揮命令関係は存在しません。従って、危機回避のための迅速な対応が要求される場面における有効性は限定的と言えます[*17]。

次に防衛交流によって信頼醸成を図ると言うことも一法でしょう。しかし、中国側は防衛交流を信頼醸成のためなどとは考えていないため、その効果については疑問があります。

中国にとって防衛交流（軍事外交）の目的は、①自国の軍隊の育成・強化、②相手国との関係強化（敵性化の防止・軍事技術及び武器の売却・影響力の扶植などを含む）、③最新軍事技術の導入、④中国の安全保障上の立場を対外的に宣伝（「中国脅威論」の解消、中国の台湾問題に関する立場の宣伝、米国の武器売却など事実上の対台湾軍事支援の批判。中国は交流において宣伝効果を高めるため、内容に一貫性がありかつ役割を分担して多方面から強いメッセージを伝える。）、⑤外国軍隊に関する情報の入手（中国人民解放軍は軍事外交により各国の軍事的な実力、軍事制度、軍事戦略、軍事思想、軍事科学技術、軍需産業などを理解。各国の軍事力近代化の歴程、現状、発展の趨勢を掌握。もしも共通の利益があれば相互発展を発展させ、脅威となりうる国であれば対策を研究し防備を固める）と言われています[*18]。

2007年11月には中国海軍のミサイル駆逐艦「深圳」が日本を、また2008年6月には海上自衛隊の護衛艦「さざなみ」が中国を訪問し、一見防衛交流は緒に就いているかのように見えましたが、中国は防衛交流の目的を、

信頼醸成などと余り考えていないので、中国との防衛交流に際しては、我が方との目的のギャップを十分認識してかからなければなりません。現に2009年8月に予定されていた海上自衛隊遠洋航海部隊の香港訪問は中国側によってキャンセルされました。公式には理由は示されていませんが亡命ウイグル人組織「世界ウイグル会議」のラビア・カーディル主席の入国を日本が認めたことなどに中国側が不満を示したといわれています。しかし同年11月の中国艦艇の江田島訪問に際し日本側は受け入れました。2010年1月には米国の台湾武器売却に反発して米国との防衛交流を中断し、同年9月には尖閣列島周辺海域において中国漁船が海上保安庁の巡視船に体当たりした事案から、海上自衛隊練習艦隊の青島入港が取り止めとなりました。中国は防衛交流を外交上のツールとして自国の意図に沿うように相手国を形成しようとする狙いがあるように思われます。

　しかしながら、一方で中国海軍はアデン湾で海賊対処のため艦艇を派遣、2010年1月には米国やNATO、EUを含む多国籍軍の共同作戦に参加することを表明し、同月にバーレーンで開かれた海賊対策の任務遂行に関する認識共有調整会合（SHADE）に初めて参加、また海賊対処任務に従事している海上自衛隊の艦艇に対しても呼びかけ、2010年4月と5月の2回にわたり、護衛の方法・対処に関する協議を行撃う等、最近では肯定的な兆候も見られます。

中国に対する非対称戦

　中国が「実を避けて弱を撃つ」孫子の兵法をとっていることは既に述べましたが、日本も逆に中国の弱点を衝く戦略に出れば良いと思われます。中国の弱点は「民主化していない」、「格差、雇用、機会不均衡、民族問題、メディアの変化といった顕在化する社会の叫び（民意）が反映されない」「透明度が欠けている」といったことですから、具体的には中国政府が最も恐れていると思われるジャスミン革命を国内に起こすような支援を行っていくとか、台湾、チベット、新疆ウイグル、内モンゴル地区の分離独立を支援していく、あるいは外交上できるかどうかは判りませんが、台湾とのインテリジェンス交換や、できれば海軍同士の交流、ひいては演習は中国が最も嫌がるところでしょう。

　上記方策は、中国を一塊として敵にしない戦略とも言えます。すなわち、

第8章　対　策

中国の市民社会、現在の不均衡な格差に不満を持って所得再配分を願っている人達、現漢民族の政権に不満を持っている民族、といった人達を味方につけることで、これは『孫子の兵法』の「交を伐つ」にも通じます。2011年の中国国内の動きを見ていると、「民」の要求が「官」に勝つ事象が何件も生起しており、市民社会が共産党や人民解放軍の抑止力となる可能性の兆候が見受けられます。

中国が「三戦」を採用していることは、第1章で既に述べましたが、これを逆に中国側に適用することも弱点を衝くことになります。まず「輿論戦」ですが、契約を破ってレア・アースの輸出を制限した中国に対し、ノーベル賞学者のクルーグマンは中国を「ならず者国家」と呼称しました[19]。2010年9月に尖閣列島沖で日本の海上保安庁の巡視船と中国の漁船が衝突した際、中国側は海上保安庁の巡視船が衝突してきたと主張しましたが、この際タイミング良く衝突時のビデオを国際社会に向けて公表することは極めて有効な、こちらからの「輿論戦」と言えます。

「心理戦」に関しては、『瓦解戦』を、そっくりそのまま対中戦略に適応させ、ノーベル平和賞を取った劉暁波を支援するなどして、中国の人権弾圧等正当性のない行為を国際社会に印象づけることにより、逆に中国共産党の一党支配を瓦解させることに繋がることになるかもしれません。「相手の虚偽性、欺瞞性、反歴史規律性を示し、民心と国際社会の支持を失わせて孤立させ、自ら瓦解」（『瓦解戦』の一節）するのはどちらの方かという問いかけを国際社会に向けて発することも一法でしょう。

「法律戦」に関しては「敵の違法性を暴き出し」という項目がありましたが、これを逆に中国に適用し、中国が現在採っている中間線についてのダブル・スタンダードを国際世論の前に暴き、国際法を自国に都合の良いように独自の解釈を行ってそれに基づく国内法を制定している国際規範への背信行為を世に晒すことも中国の弱点を衝くことになります。後者に関して言えば、中国は排他的経済水域（EEZ）を自国の都合の良いように解釈し、国際規範である「航行の自由」に抵触する行動を行っています。即ち中国は公海における「航行の自由」に関し、他国の周辺海域における中国の行動を正当化する場合と、中国の周辺海域における他国の行動を批判する場合との間で、必ずしも整合性が取れていません[20]。

例えば2009年3月に南シナ海で生起した米海軍音響観測船インペッカブ

ルの航行妨害に関し、中国は、国際海洋法条約、「中華人民共和国排他的経済水域および大陸棚法」、「中華人民共和国対外海洋科学研究管理規定」を根拠として、その行動を正当化しましたが、国際海洋法条約の排他的経済水域制度には「科学的調査」のみが盛り込まれ、軍事活動については明文規定がありません。また中国は2010年7月に黄海の公海上で米空母ジョージ・ワシントンが参加して実施する予定であった米韓合同演習に際して反対しましたが、こうした中国側の主張は、公海における「航行の自由」に依拠して日本の周辺海域や太平洋における自らの行動を正当化する論理とは明らかに矛盾しています。

　海軍戦略に関しては、既に述べたように中国海軍の水上艦艇は対潜水艦戦と対空戦が弱点です。対空戦に関しては、今後中国海軍が空母を持つことによって急速に強化され、かつ海上自衛隊には空母艦載機がありませんので、対空戦の弱点を衝くことはできません。しかし潜水艦、とりわけ原子力潜水艦の整備や非大気依存推進（Air-Independent Propulsion：AIP）潜水艦を増強して、中国海軍の弱点を衝くことは効果的な対抗策となるでしょう。また、中国人民解放軍はロジスティックス（後方）能力が低く短期戦を企図していることから、後述するAirSea Battle構想にあるような長期戦に持ち込むことも、彼等の弱点を衝くことになります。

核抑止力

　仮に通常兵器での戦いが中国にとって不利に展開した場合、中国は日本に対して核兵器の使用をほのめかして、米軍の日本における基地を使用させなくするような圧力をかけてくるかもしれません。しかし、日本は「核兵器を持たず、作らず、持ち込ませず」という非核三原則を堅持しています。

　非核三原則を決めた1967年の佐藤内閣の時代から、現在は安全保障環境が大きく変化しています。2006年と2009年に北朝鮮は核実験を実施しましたが、未だ米国に到達する弾道ミサイルの発射試験を成功させていませんので、北朝鮮が日本を攻撃した場合、日米安保に基づいて米国が北朝鮮を攻撃するのに対し、北朝鮮は米本土への反撃ができません。しかし、中国は2015年までに米本土に到達できる核弾頭搭載可能な固体燃料の弾道ミサイルDF-31Aと、米本土を狙える潜水艦発射の弾道ミサイルJL-2を搭載する晋級戦略弾道ミサイル搭載原子力潜水艦が稼働状態となることから[21]、

第8章　対　策

米国の大都市を攻撃できる能力を有しつつあります。米国は中国によってニューヨークやシカゴを攻撃されることを覚悟しても、日本に対して核の傘を提供してくれるのでしょうか？　能力面だけから見れば中国は北朝鮮よりも日本にとってより深刻であることを示唆していると言えます。

　この問題に関してキッシンジャーは『核兵器と外交政策』の中で次のように述べています。「全面戦争という破局に直面したとき、米国の中でヨーロッパといえども全面戦争に値すると誰が確信しうるか？　米国大統領は西ヨーロッパと米国の都市50と引き替えにするだろうか？　……西半球以外の地域は争う価値がないように見えてくる危険がある」

　この言葉から、米国の核の傘は米本土攻撃という人質をとられた時には機能しなくなる可能性があります。ソ連が核兵器を保有してから、これに対するヨーロッパの主要3ヶ国の対応を見てみると興味深いことが判ります。英国は自ら核兵器を保有し、これを取引材料として米英核戦略の一体化を目指しました。フランスは独自の核兵器を持ちました。ドイツは核兵器に依存することなく敵となるソ連との間の対立点の減少を目指す独自の対ソ戦略を展開しつつ米国の核を国内に持ち込み、発射ボタンを米国と共有しました。三国に共通するのは米国への依存で十分であるとの判断をしなかったことです。

　中国や北朝鮮に対し、日本はドイツのように対立点の減少を目指す戦略が採れるでしょうか？尖閣諸島の領有権問題に関し、中国に譲歩することができるでしょうか？もし採れないとすれば、英国のような選択をするのか、あるいはフランスのような選択をするのか、それとも「核持ち込み」によって発射ボタンを共有するのか、将来に向けた建設的な議論がなされて然るべきと思います。

　上記の対策のかなりの部分が予算措置を伴う事柄です。日本の防衛予算がここ約10年マイナス成長で来ているのに対し、中国の軍事予算は約20年間連続で二桁の伸びを示しています。対策として、武器輸出三原則を見直して兵器の製造コストを下げることは一つの方策でしょう。また、防衛費の約40%を占めている人件費を削減して装備費に振り向けるため、後方職域の仕事を民間にアウトソーシングすることも一法と思われます。

　また日本は GDP の約2倍の財政赤字を有しており、今後少子高齢化の

ために、これまで以上に社会保障費が膨らむことは目に見えていることから、防衛予算が飛躍的に伸びる可能性は極めて少なく、何れは現在単独では辛うじて保っている戦術的優位も将来、いつかの時点で逆転され、東シナ海の制海権が中国側に渡ってしまうことは明白です。そこで次に述べる同盟・友好国との協調が必要となってきます。

第2節　米国との共同

　1980年代後半に米海軍と海上自衛隊の定期協議があった際、海上自衛隊の中国海軍に対する見積もりがあまりにも高かったため「海上自衛隊の中国海軍に対する脅威見積もりは過大だ」と米海軍側が窘める場面がありましたが、最近、米海軍はそのような発言をする人は皆無に近くなりました。2007年10月に米海軍、海兵隊、沿岸警備隊が公表した「21世紀シー・パワーに向けた協調的戦略」は、いわば非国家主体だけを対象としたポスト・モダン[*22]時代の戦略とも言え、1986年の「海洋戦略」がソ連海軍を明確に敵視していたのとは異なり、中国海軍を名指しして敵視することは控えています。しかし、死活的利益がある海域の中に西太平洋を揚げていることで、暗に中国を念頭に置いていることが読み取れます[*23]。

　増強する中国海軍に対し、最も有効かつ現実的な対策は米国、とりわけ米海軍との協力を密接にすることです。具体的には東シナ海で米海軍との共同訓練を頻繁に行い、中国の第一列島線内部の制海権を認めない行動に出ることです。中国は1992年の領海及び隣接区法で尖閣列島の領海をも含めた東シナ海のほぼ全域と南シナ海を自国の領海であるとしていますが、こうような行動は国際的規範に照らし合わせて到底許されることではありません。

　2009年3月には米海洋調査船インペッカブルが南シナ海で、同年5月には同じ米海洋調査船のヴィクトリアスが、6月には駆逐艦のジョン・マケインがフィリッピン西部沖で曳航式ソーナーを中国潜水艦に引っかけられ、そして2010年5月には我が国海上保安庁の調査船が中国の海洋調査船や海上民兵と思われる漁船に、行動を妨げられるという事象が発生しました。

　米国防総省が2010年2月に公表したQDRにはグローバルな公共財（Global Commons）として海洋、航空、宇宙、サイバー空間があげられ、

第8章　対　策

これらに対する自由なアクセスを提唱しています。即ち海洋航行の自由に関しては米国と国益が合致する訳で、この点に関し、共同歩調をとることができます。

米国は、ペリー提督の極東訪問以来アジア市場に対するアクセスを重視してきましたが、とりわけ米西戦争でフィリピンを領有してから、アジアにおけるアクセスを重要な国益としており、先の日米戦争の原因の一つがアジア市場へのアクセス問題でした。

最近に至って、中国の海空ミサイルの近代化に伴う長距離作戦攻撃能力の増強により、A2/AD という一定海域へのアクセスを妨害し、かつ作戦海域に侵入した時の活動の妨害を図る戦略に対し、米軍の前方展開戦力の抑止・対処戦略として新たな戦略構想の必要性が叫ばれています。この背景には中国軍の攻撃に対する脆弱性が増大することによる、米軍抑止・対処力の相対的な低下があります。その典型的な構想が、次に示す AirSea Battle です。これは前方展開戦力の強靭性向上を図り、A2/AD 戦力の攻撃に対し抗堪化を行い、遠距離攻撃力を強化することにより、A2/AD 戦力を無効化するというもので、米海空軍の統合強化と同盟国、とりわけ日本の積極的な参加なくしては成立しないとしています[24]。即ち日本としては、米国と協力して中国の戦力発揮を制圧し、米軍の戦闘行動を支援するものです。

これまで米国は、中国にその国債を大量に購入して貰い、かつ重要な貿易相手国であることから中国に対しては厳しい態度に出ていませんでしたが、2009年11月のオバマ大統領の訪中を機に摩擦要因が顕在化してきているように思われます。2009年には第一に12月の鋼鉄交渉を始めとする経済摩擦、第二に同月行われたコペンハーゲンでの地球温暖化会議で温家宝首相が欠席したことに対する反発、第三にグーグルの中国からの撤退がありました。

2010年に入って1月に米国が台湾に武器輸出を行い軍事交流が停滞しました。翌2月にはオバマ大統領がダライ・ラマと会見しています。5月には、3月に生起した韓国哨戒艦「天安」の沈没事案に対して中国が適切な対応を取らなかったことから米韓合同軍事演習を中国近海で行いました。ちなみに5月には人民解放軍外交部の副長官である關友飛海軍少将は「全て悪いのは米国である」と65名のアメリカ人政府関係者に対して不満を爆

発させています*25。7月にはASEAN地域フォーラムにおいてクリントン国務長官が中国の南シナ海における行動を非難し、9月には尖閣列島周辺海域で日本の海上保安庁巡視艇と中国漁船の衝突事案に対し、安保条約の第5条が尖閣に適用されるとする発言がありました。そして8月に公表された中国の軍事力に関する報告書では、中国のA2/AD戦略について既述、2011年2月に公表された「国家軍事戦略」では米国のアジア回帰を鮮明に打ち出し*26、6月の第10回アジア安全保障会議（シャングリラ・ダイアログ）で、ゲイツ国防長官はアジアにおけるコミットメントは不変である意思を表明しています。

AirSea Battleへの協力

海空戦（AirSea Battle）という書物が米シンク・タンクである戦略・予算評価研究所（Center for Strategy and Budgetary Assessments-CSBA-)）から2010年に出版されました*26。これは1980年代、優勢な欧州ソ連軍の後続部隊を最新式の通常兵器で迅速に阻止しようとして考え出された空・陸戦（AirLand Battle）を、アジアで対中戦に適応しようとするものです。この構想は、現在空軍副参謀総長であるチャンドラー空軍大将が太平洋空軍司令官であった時に発案し、関連シンク・タンクに研究を依頼していたものが実を結んだ成果物です。

同書の情勢認識としては「米軍が戦力投射機能を提供することは、同盟国や友好国にとっての満足と安心の源泉であったが、その状況はほとんど終焉し、西太平洋では挑戦してくる力が増加している。これまでは、米軍が所用する主たる作戦基地、港湾、施設の大部分は安全で、長い間、それら聖域から行動してきた。また、その海上戦力及び航空戦力も、敵の長距離偵察や目標捕捉能力が及ばない聖域で行動してきた。宇宙やサイバーについてもほぼ米軍の聖域だった。しかし、中国のA2/AD能力は、これらの米軍の聖域を侵す脅威となっている。」とするものです*28。

A2/ADのA2（Anti-Access）は、米軍の陸上基地からの作戦を阻止しようとするもので日米安保条約第6条の日本の施設及び区域の米軍による使用を困難にさせることを包含しており、日本の安全そのものになります。またAD（Area Denial）は、中国軍による米機動部隊の西太平洋や東・南シナ海の作戦域への侵入を拒否しようとするもので、米軍の戦力投射機

第8章　対　策

能の接近を困難にし、東アジアの戦略環境を変え、ひいては日本の海上交通路を不安定にさせることに繋がります。

　CSBA は、「中国が、早期に勝利できる、あるいは米国の友好国を脅迫できると思えないようにさせる」[*29]ため、「安定的な軍事バランスを西太平洋作戦域で確保できるよう、米国と同盟国が AirSea Battle コンセプトを創造し、必要な兵力を構築していかなければならない」[*30]と提起しています。

　2010年2月に米国防総省から出された QDR の中にも、既に「洗練された Anti-access/Area-denial 能力を装備した敵性国家をも含む、軍事作戦の全てにかかわる敵性国家に対し、いかに空・海軍が全ての作戦分野、即ち空、海、陸、宇宙、そしてサイバー空間に渡って能力を統合して、米国の自由な活動への伸張しつつある挑戦者に対抗していくかを記述したコンセプト」として紹介されています[*31]。

　この QDR には、対象とする国名は明らかにされていませんが、毎年発表されている、いわゆる『中国の軍事力』には Anti-access/Area-denial が頻繁に顔を出してきますので、AirSea Battle は中国を対象としていることがわかります。このように米国は政府が発表する文書で中国を「脅威」とは明記していませんが、良く読めば、そのように扱っていることが読み取れます。例えば2007年に公表した「21世紀のシー・パワーに向けた協調的戦略」も、一見すると「非国家主体だけを対象として中国の台頭について記されていない」といった批判がありますが、重点海域を西太平洋としていることから、中国を念頭に置いていることは明らかです。

　AirSea Battle の作戦概念は既に海軍と空軍間で合意されてサインされていますが、ウイラード太平洋軍司令官は、この作戦構想に関し、陸軍や海兵隊の役割をも規定しようとしています。2011年6月に国防長官に指名されたパネッタ CIA 長官も上院軍事委員会の指名承認公聴会で AirSea Battle 構想の重要性を示唆しました[*32]。

　この作戦構想は二段階に分かれています。第1段階としては、まず中国による米国やその同盟国軍及び基地への最初の攻撃を持ちこたえ、被害を局限化します。次に、これが AirSea Battle の真骨頂と言われるところですが、中国軍の戦闘ネットワークに対し目つぶしキャンペーンを行います。そして中国軍の長距離情報・監視・偵察と打撃システムに対し制圧作戦を

行い、最後に航空、海上、宇宙、サイバーそれぞれの領域において主導権を奪い、それを保持します。

　第2段階としては、まずさまざまな領域におけるイニシャティブを保持することを含め、戦いを故意に長引かせます。次に距離をおいた封鎖作戦を実施します。そして作戦の後方を維持し、最後に中国の産業生産（特に精密誘導兵器）基盤を叩きます。*33。即ち、究極の目標としては第一列島線の内側に中国海・空軍を遠隔封鎖（Distant Blockade）することであると言えましょう。

　米国は、この作戦構想を海・空自衛隊と共に遂行することを希望しています。そして今後、同盟国に対する期待や基地の分散、抗堪化への改善等が求められてくるものと思われますが、現状では自衛隊は憲法上の制約によって、こうした作戦構想のほとんどを行うことができません。また、グアム島に対する中国の弾道ミサイル攻撃に対しても、日本の弾道ミサイル防衛能力に期待したいところですが、集団的自衛権の制約から、日本はその期待に添うことができないことを認識しなければならないでしょう。

集団的自衛権の行使に関する検討

　中国の戦力の充実により、海洋での日米の相互協力の場面増加と多様化が予見されるようになりますが、それは同時に、日本の集団的自衛権に関わる制約が問題視される機会を増やしていくことにもなります。日本の安全を高めるためにも、米国との相互協力上の相乗効果を追求する上にも、「日本の施政の下にある領域」以外での事象における、集団的自衛権に関わる法制度上の問題が解決されることが必要になってきます。

　日本の周辺や、我が国にとっても重要な海域で行動している米艦船が攻撃された場合に、付近にいる海上自衛隊の艦艇が対応できないとすることは、日米が共に潜水艦や経空脅威に晒されていることから現実的ではありません。また今後、日本の弾道ミサイル防衛能力の拡張により、長射程のミサイルへの対処が可能になった場合、対処するその時は、時間的に圧縮されており、ミサイルが日本又は日本の艦船に向かうものか、グアム島や遠方にいる米空母部隊に向かうものであるかを、対処の際に即断することは難しく、迎撃せざるを得なくなるでしょう。

　平成19年に内閣総理大臣の下に開催された「安全保障の法的基盤の再構

第 8 章　対　策

築に関する懇談会」は、これらについて検討しており「公海における米艦の防護」については、「集団的自衛権の行使を認める必要がある」とし*34、また「米国に向かうかもしれない弾道ミサイルの迎撃」についても、「集団的自衛権の行使によらざるを得ない」と結論付けています*35。

　戦闘行動に加わることについては、①完全に抑制的であるべきもの、②抑制的であっても国際協調などの原則に則った判断に迫られる場合、③共通の危険に対処する空間で双方の行動を互いにプラスにし合うように相乗効果を追求すべき場合等で、判断材料は変わってくるのではないでしょうか。

　共通の危険空間において、友軍が攻撃を受けており、やがて我への攻撃も行われることが自明である場合の対処は、集団的自衛権の行使であるか、個別的自衛権の行使であるのかの区別はつき難くなり得ます。事後に我の対応が早かったか、敵の攻撃が早かったかが判明することによって、初めて決まることでありましょう。また、時間的に圧縮された対応で、我が狙われているのか友軍が狙われているのかが、事後の分析に待たなければならないような脅威対処についても、同様のことが言えます。

　運用レベルでは、与えられた任務、指定された作戦行動範囲、そこにどのような危険要素があるのか、また政治、外交、軍事的な努力の結果として得られた友軍がいるのかいないのかが問題になります。友軍がいれば、それらと共に危険に相対することになります。共通の危険に対処する空間で、個別的・集団的という両自衛権の区別が難しくなる脅威対処では、部隊をして「座して自滅を待つ」ようにさせることが「憲法の趣旨ではない」という憲法解釈がまず適用されるべきであると考えます。

　「米国との協力関係を強化すれば中国を刺激して好ましい安全保障環境を作らない」という議論があります。例えば日米間で AirSea Battle 構想を具現化したり集団的自衛権に関する解釈を変更しようとすれば、それに対して中国は反発するでしょう。日米同盟強化と日中コンサート形成は両立するでしょうか？　両立しないとすればどちらを優先すべきでしょうか？　一つの例を挙げてみたいと思います。

　最近の北朝鮮の弾道ミサイル発射に伴って日本も慌てて弾道ミサイル防衛の配備を加速させましたが、実際にはもっと早く弾道ミサイル防衛の予算要求がなされているはずでした。1998年に当時の防衛庁は、以前から米

国から共同研究の参画を求めていた弾道ミサイル防衛の概算要求をしようとしたのですが、これに待ったをかけたのは外務省でした。理由は、同年9月に予定されていた江沢民訪日が、弾道ミサイル防衛へ共同研究参画する概算要求によってキャンセルされることを恐れたからでした。このため弾道ミサイル防衛共同研究参画の概算要求は一年先延ばしとなり、また結果的に江沢民訪日は国内洪水被害のため延期され、8月31日には北朝鮮にテポドン2号を発射されて大慌てする羽目になってしまいました。八方美人的外交は、一件波風を立てず耳障りは良いのですが、実質的な安全保障努力に足を引っ張る結果となってしまいます。

　ある国が別の国に対する明確な安全保障を定め強化すると、対象国も当該国に対して安全保障を強化し、これらが悪循環して平和の為の安全保障が逆説的にかえって軍拡や軍事的緊張を呼ぶというセキュリティー・ジレンマ理論があります。しかし、現実には日本が8年連続して防衛費を減少しているのに対して中国は約20年間連続して二桁の国防費伸び率を継続しているのであり、日本の防衛努力にかかわらず、中国は一貫して軍事力を増強し続けると考えた方が妥当ではないでしょうか？

第3節　日米同盟への影響

　中国の軍事力の増強は、日本の安全の要である「日本国とアメリカ合衆国との間の相互協力及び安全保障条約」（以下、本章では「安保条約」と言う。）に基づく、防衛上の相互協力に今後どのように影響し、どのような対応が必要となるでしょうか。

　米国のシンク・タンク、米国の国家アジア調査局（The National Bureau of Asian Research: NBR）は、「日米双方が、自身の安全保障戦略において如何に日米同盟が重要かを説くのはよいが、それでもって同盟は強靱だと無前提に想定することはできない。強さとは再確認しなくてはならないものであるから。」とし*36、「同盟は『ともに戦えるのか』という問いに結局は帰着」し*37、「作戦計画段階と実践段階のいずれでも行動を共にするのでなくてはならず、それを可能にする仕組みとプロセスがきちんと確立していなくてはならない。」と提起しています*38。

　当レポートはまた、中国の国防当局者達が「日米同盟は仕組みとしては

しっかりしているが、その現実の働き方は弱い」と見ており*39、「中国から見てここぞという絶好の瞬間、間違いなく倒壊すると確信できる、その弱い日米同盟が、広い安全保障の利益に叶う」と捉えていると指摘しています*40。

一方の日本は、安保条約に基づく日米同盟が制度上「強靭」であり、その運用によって、防衛上の如何なる課題も解決し続けると考えているかのようです。日本は、周辺国が軍事力を増強する中にあっても、防衛予算を縮小し続けています*41。

昭和22年から約5年間条約局長を務め、「サンフランシスコ講和条約」及び「日本国とアメリカ合衆国との間の安全保障条約」（旧条約）の締結交渉に当たった西村熊雄氏は、安全保障条約が「発動されるべき事態が発生しても発動されないで国破れるのは下の下である」と述べましたが*42、この疑念は、防衛機能上、米国に依存する部分が少なくない現在の日本にも当てはまるように思えます。条約があってもその実効性と結果は様々に予見されるものです。

安保条約に基づく同盟には、そこに潜む脆弱性があり、近年の中国の軍事力の拡大は、これを突くように効いてくるのではないでしょうか。本節では、中国の軍備増強が、安保条約に基づく日本防衛上の日米相互協力に、如何なる影響を及ぼしてくるかということについて述べてみたいと思います。

安保条約に基づく協力

日本は、大陸に面して縦深が浅く、大陸側の国々が軍備を拡張する時代には防衛を難しくします。東方は広大な太平洋が横たわり、その活用には、海洋大国との協力が効果的です。

日本は、米国との同盟政策を選択し、安保条約を締結しています。その基本構造は「物と人との協力」にあると言われますが*43、防衛行動上の相互協力では「人と人との協力」の面も問われることになります。

旧条約の締結交渉に当たった西村氏は、その条約を「一言で言えば、日本は施設を提供し、アメリカは軍隊を提供して日本の防衛を全うしようとするものである。物と人との協力である。相互性は保持されている。」と説きました*44。

1960年の改定でも、日本がアメリカに基地を貸して安全保障を確保する「物と人との協力」という基本構造を変えるものではありませんでした*45。新条約第6条も、旧条約第1条と同様に、米軍に「極東における国際の平和及び安全の維持に寄与するため」の基地使用を認めるものであり、そのことは同じでした*46。戦後在米公使などを勤めた上村伸一は、「第6条の、米軍に対する施設区域の使用の許与規定は、第5条の規定が日本施政下にある領域に限定された結果として、その内容が米国による日本の防衛義務という一方的なものになっているのに対して、これに見合うためのものとなっている」と解説*47し、防衛大学校名誉教授の佐瀬昌盛はこれを「非対称双務性」という言葉で表現してきました*48。

　このように、条約改定は「物と人との協力」という基本構造を変えるものではなく、日本国憲法と「両立させるぎりぎりのところ」で出来たため*49、いくつかの特異性を持っています。

　安保条約第5条は「各締約国」、即ち日米両国が「日本国の施政下にある領域における、いずれか一方に対する武力攻撃」時、「自国の憲法上の規定及び手続きに従って共通の危険に対処するように行動する」ことを「宣言」しているものです。

　第5条で対象となるのが「日本国の施政の下にある領域」において生ずる「武力攻撃」に限定されていることは、安保条約の非常に大きな特色であり*50、米国が他の諸国と結んでいる相互防衛条約とは大きく相違するものです*51。他のものでは「ヨーロッパ又は北アメリカ」*52とか「太平洋地域」*53とかのように、締約国が関係する広域な地域での「武力攻撃」に対する相互協力が明示されています。

　しかし「日本国の施政下にある領域」への「武力攻撃」時の共同防衛の範囲にあっても、自衛隊の能力向上とともに、「人と人との協力」分野は拡がっています。例えば、2000年代になって日本が機能をもったミサイル防衛の分野では、米国は日本を「最も重要な弾道ミサイル防衛のパートナーの一つ」として位置付け*54、連携を密にしています。

安保条約に組み込まれた制約要因と相互協力

　安保条約第5条は、「武力攻撃」を受けた場合に「自国の憲法上の規定及び手続きに従って共通の危険に対処するように行動する」ことを「宣

第8章　対　策

言」したもので、ここで「憲法上の規定」とは日本のとる措置が憲法第9条の規定に従うべきことを明示するために挿入されたものと解説されています*55。この種の規定は他の防衛条約においては「憲法上の手続きに従って」という表現のみが用いられており、「憲法上の規定」を挿入して並列させることも日米の安保条約に特有の表現となっています*56。これは、日本国憲法の集団的自衛権に関わる解釈の問題があることに関係しています。

　日本が集団的自衛権を行使できないとすることは、双方の利益に深く関係する場所で、日本の行動が法制度的に制約を受けるということです。例えば海洋において、米艦船のみが攻撃されている場合は、法理論上、日本は防衛行動上の協力が行えません。

　日本の周りの海域や西太平洋等は、米空母機動部隊が東アジアの戦闘域に近接しようとする際に航行する場であり、それを妨害するかもしれない中国の戦力も展開する場所になります。そこには日本の通商路が存在しており、その安全確保は日本にとって死活的な問題として横たわっています。また、中国の戦力が展開することで米空母機動部隊が接近できなくなれば日本の防衛に影響します。日米双方の利益に深く関係している場が日本の四面にあるのです。

　安保条約に組み込まれた制約要因の第二は、日本の保有自衛力の制約に関わることです。

　安保条約第3条は「武力攻撃に抵抗するそれぞれの能力を憲法上の規定に従うことを条件として、維持し発展させる」と謳っています。この「憲法上の規定に従うことを条件」とすることの挿入は、「憲法第9条との関係を念頭に置いて日本が持ちうる自衛力の限界を明らかにしたもの」と解説されています*57。「日本の持ちうる自衛力の限界」とは、自国防衛上必要最小限の自衛力ということであり、より前方で敵攻撃力を低減させる機能は抑制されます*58。その分野で日米両国は非対称です。

　中国の軍事力が増せば増す程、防衛行動上の相互協力に関わる調整分野を拡げていくことが必要になると考えられますが、日本は憲法上の制約から、より前方で我に対する敵攻撃力を低減させる機能は持ち難く、日本が保有する機能の拡がりが抑制されているため、その分野での調整には至りません。

　中国は、海・空軍の増強や、様々な射程・飛翔形態のミサイルを充実さ

せて、多重的な攻撃を可能にしています。日本の防衛には重層性が必要であり、限定的ながらも独自の「矛」、即ち前方での対応に関わる機能保有を検討する必要が出てくるでしょう。日本がそうした機能を得ようとする時、それは「座して自滅を待つことが憲法の趣旨ではない」*59ことから発する日本独自の施策になることは自明ですが、それとともに、ミサイル防衛がそうであったように、同じ分野の機能を持った者同士の調整を進展させ、行動を共にする仕組みやプロセスを押し拡げる措置としても作用することになるでしょう。米国を利する能力が日本側にあって、はじめて平時からの調整が密となります。

AirSea Battle 構想では、真っ先に、中国の海洋に及ぶ監視システムをブラインドにする作戦が必要とされています*60。日本の初期被害を低減させるためにも、この分野は死活的に重要です。

今日、機能分化し、これらをネットで機能統合する構想が実現してきています。無人機はその搭載機器によって、異なる任務を付与することができるものです。監視・偵察のみならず、電子戦、打撃力としての運搬機能へと発展させることもでき、それぞれの飛行プログラムを関連付けパッケージ化を図ることも可能になります。そのライフサイクル・コストは有人機の2分の1とか3分の1に抑えられ、調達の効率化も図りやすく、パイロット養成や省人化の観点などで、安いコストが期待できるものでもあります*61。

防衛省は、既に偵察機能を念頭に、母機からの切り離し、事前設定のプログラムと GPS 補正による無人での自律飛行、自動着陸ができる無人機を独自開発しており、今後、自動離陸、緊急回避機能等を付加し、電子戦や打撃運搬機能に用いる場合は搭載重量の増加に対応するよう開発していくことになりましょう。前方で発揮する電子戦機能等をもった場合、その運用には、米軍との調整を必要にしましょう。初期に発揮すべき機能で、平素からの調整が密になることは、対分断効果としても意義を持ちます。

相乗効果追求による対日米分断（カウンター・アンカップリング）

米国は、新たな作戦概念である AirSea Battle 構想を推進させています。このコンセプトは、中国軍の A2/AD 能力の向上に対応しようとするもので、A2（Anti-Access:接近阻止）は「安保条約」第6条に基づく「（日本

の）施設及び区域」の米軍による使用を困難にさせることを包含するものであり、またAD（Area Denial:領域拒否）は中国軍による米機動部隊の西太平洋や南シナ海の作戦域への進入を拒否しようとするものです*62。中国は、局地戦で勝利する能力も高めており、米国と同盟国との防衛行動上の相互協力を難しくするように影響してくるものと考えられます。

　米国では、このため空軍と海軍とが相互に影響を及ぼし合い、いわば相乗効果を醸し出して対応し、戦闘域への戦力投射機能を維持しようとしているのです。その際、「（日本との連携無しには）米国の戦力投射機能は制約される」としており*63、日米同盟を前提にしています。

　米国の海軍と空軍が相乗効果を醸し出す概念と同じように、日米間でも、双方の能力の発揮が、互いにプラスの影響を及ぼし合う概念をもって、分断効果に対抗する努力が問われるようになるのではないでしょうか。防衛予算を一気に2倍や3倍にできない状況下、軍事的な戦略環境の変化に対応するために、日米の軍種間の相乗効果を追求することが重要になっていると考えます。中国の軍事増強に、日米の相乗効果を効かしてバランスをとり、中国に短期に軍事的目標が達成できるとは思わせず、また安易に他国を脅迫し政治的目標が達成できるとも思わせないようにするという戦略方針です。

　同じ機能や能力でも、日米それぞれが別個に運用するとした場合、また単なる兵力数の足し算による場合の評価と、地理や彼我の質を考慮して、時間軸上で日米それぞれの能力を相乗させていくことを考える場合の評価とでは、その結果には大きな差が出てくるでしょう。後者は、日米の防衛行動を連関付けて考えるものになります。

　米国は、海軍と空軍が相互に支援し効果を上げることを考えています。これに、要請される日本の能力や将来の日本の「矛」機能と、米軍との間の相乗効果を図り、これらを重層的に重ねていく概念が必要になります。

　米国の戦略予算評価センター（CCSBA）は、AirSea Battle 構想を提起する中で、海空軍の作戦上の相乗効果について、次のようなことを述べています。

- 中国の海洋に及ぶ監視システムをブラインドにするための空軍の作戦は、空母など海軍の重要ユニットが目標とされることを阻止し、海軍の自由な行動を可能にする。その行動できる海軍が、相手をブライン

ドにする空軍の任務を助けることになる。
- 海軍のイージス艦は、空軍の基地防衛のため、他のミサイル防衛能力を補う。
- 空軍の長距離攻撃により、中国の海洋に及ぶ監視システムや長距離弾道ミサイルの発射台を破壊する。これにより、海軍の自由な行動を拡げ、我が方の基地・施設に対する敵の攻撃を低減させる。一方、海軍の潜水艦による情報、監視、偵察機能と中国の防空システム攻撃に対する支援が、空軍による長距離攻撃を可能にさせる。
- 空母艦載機は、中国の情報、監視、偵察のためのプラットフォームや戦闘機の行動を抑える。また、給油機や支援航空機の前方での作戦を可能にする。
- 空軍は、海軍の対潜戦の支援や封鎖作戦を支援できる[*64]。

　CSBA は、AirSea Battle 構想を提起する中で、「安定的な軍事バランスを西太平洋作戦域で確保するため、米国と同盟国は、必要な兵力を構築していかなければならない」とし[*65]、日本が向上させるべき事項として次を提言しています。
　①基地の強化を図る上での、滑走路の急速修復能力、重要軍事施設の地下化、②陸上と海上を統合した防空及びミサイル防衛システム、及びそれらと近傍の米軍との連携のためのシステムの構築、③防空能力及び弾道ミサイル防衛の増強、④第4世代戦闘機の増加及び第5世代の導入、それによる米軍機の攻撃任務への安全な出撃を可能にする空域防衛能力の強化、⑤潜水艦と無人潜水艇による、水中・対潜水艦戦能力の拡張、⑥南西諸島での対潜バリアーの設立、追尾のための米海軍との協力[*66]。
　これらにより得られる相乗効果を描いてみれば、次のようになるでしょう。
- 水中への対処能力により、港湾や隘路に撒かれた機雷を除去することで、日米艦艇の行動の自由度を高める。艦艇の行動は、敵の潜水艦の行動を制約するとともに、空軍及び航空自衛隊の初期作戦を助ける。
- 日本の基地の防空能力と修復能力の強化、並びに重要施設の地下化で、基地が使えなくなる時間を短縮するとともに、航空自衛隊機の空域防衛力発揮によって、米軍機の出撃効率を上げる。米軍機による出撃は、

航空自衛隊機の対応と相俟って、敵の攻撃力を削ぎ、日本の被害を低減させる。
- 進入する米軍機によって、中国のミサイル発射関連施設を無能力化して、日本への攻撃力を削ぎ、基地の修復能力と相俟って、日本領域内の基地使用可能状態を維持し、米軍機の出撃効率を高める。出撃する米軍機による、超水平線レーダー等の中国の海洋に及ぶ監視システムの妨害は、米海軍及び海上自衛隊艦艇の行動を安全にする。生存する両国イージス艦は、ミサイル防衛能力を発揮し、日本の基地に向かうミサイルや対艦弾道ミサイルを撃墜し、基地の被害を低減する。また、米空母部隊の接近時の安全に資する。
- 南西諸島の列島線で、潜水艦の太平洋への進出を阻止し、又は通峡する潜水艦を追尾し始めることができれば、日米艦船の航行の安全性を高める。接近できるようになる米空母機動部隊は、中国軍の行動を抑え、日本への攻撃力を低減させる。

　より前方での電子戦能力が向上すれば、米空軍のジャミング能力と相俟って、より早期に中国の監視システム能力を低減させることに寄与し、米軍機の進入効率を高めることができます。将来、無人機の電子戦及び打撃運搬機能を得て、限定的ながらもミサイル発射関連施設の機能を低減できれば、日本への攻撃力を削ぎ、基地の使用を助け、米軍機の出撃効率を高めることにつながるでしょう。また、中国超水平線レーダー等の能力をより早期に低減させ、近傍の日米の艦艇の自由度を高めます。

第4節　その他の海洋国家・民主国家群との共同

　まずは海洋国家であるところのオーストラリア、インド、韓国、ASEAN、そして欧州各国といった民主国家と海洋安全保障面で協力していくことができるでしょう。また、胡錦涛総書記は、2007年10月の党17全大会において「国際秩序がさらに公正で合理的な方向に発展するように推し進める」とし、現行の国際秩序を必ずしも所与のものとしない認識をしめしていますので、ここに上記の現状維持国家群とも協力できる素地があります。

中国は2010年の国防白書で「中国は、国連憲章、国連海洋法条約、その他の普遍的に認められた国際関係の規範に厳格に従っている」としています*67。しかしながら、実態は国際規範を自分達にとって都合の良い解釈をしているというのが問題なのです。中国は、これまで自国の排他的経済水域（Economic Exclusive Zones-EEZ-）を領海であるかのようにして他国の船舶の自由航行を妨害してきました*68。また中国は自国周辺海域において他国が軍事演習を実施することを厳しく批判していますが、この批判は公海における「航行の自由」に依拠して日本の周辺海域や太平洋における自らの行動（海洋調査）を正当化する論理と相矛盾する行動をとっています。米国は国連海洋法条約に批准していませんが、海洋を含めて国際的な公共財（Global Commons）使用の自由を守っていこうとしていますし*69、下記の諸国は、こうした国際的な規範を遵守していこうとする海洋国家群ですので、二国間、三国間、多国間協議、あるいは国際司法機関と連携して、中国の「三戦」の一つである「法律戦」に対処していくことができるように思われます。

　また民主主義国家群とは「人権」や「民主化」といった共通の価値観で協調していくことが可能です。2010年にノーベル平和賞を受賞した劉暁波に対する中国政府の措置に対しては、多くの民主国家群が懸念を抱きました。

　さらにオーストラリアや韓国は弾道ミサイル防衛の有力な機能であるイージス艦を保有、あるいは保有しようとしていますので、対弾道ミサイル同盟として協力できるかもしれません*70。

オーストラリア

　アメリカのアジア・太平洋地域における同盟国について、かつてウイリアム・ペリー氏が国防長官であった1990年代に「太平洋には二つのアンカーがある。北の日本と南のオーストラリアだ」と言っていました。国務副長官であったゼーリック氏も就任する前の2000年のフォーリン・アフェアーズで米・日・豪・韓の海洋同盟がアジア・太平洋地域では鍵だと述べています*71。2007年には日豪安保共同宣言が出されました。

　オーストラリアは我が国や米国と共通の海洋国家かつ民主国家的価値観を持っており、対テロ戦でも大量破壊兵器の拡散に対する阻止活動でも共

第8章　対　策

同歩調をとっています。また米国が参加を呼びかけている弾道ミサイル防衛も、現在のところアジアではオーストラリアと日本のみが参画しています。

　太田が第64護衛隊司令であった時、1995年6月にオーストラリア海軍の4隻の軍艦、海上自衛隊の3隻の護衛艦と潜水艦1隻、そして厚木からの米海軍空母艦載機を統制して対潜戦や対空戦の訓練を実施したことがありましたが、その時オーストラリア海軍の軍艦が保有していた指揮・管制・通信・コンピューター・情報システム、そして連合戦術書は、古い船体とは裏腹に海上自衛隊のそれより数代先を行っており、また通常我々が行わないような高度な訓練を行っていて極めてプロフェッショナルであったという印象を持ちました。そして共同訓練を通じて、日豪双方が互いに「頼むに足る」という印象を持った、ということ付記しておきたいと思います。

　ただオーストラリアでは中国系住民が約200万人もおり、それが最近は増加しています。元々オーストラリアには中国からの移民が日本より早く到着していて、現在では7世がいるほどです。またオーストラリア産のウランといった天然資源を中国が購入しており経済的な結びつきは強いようです。さらに元来オーストラリアは地理的に中国と近接しておらず、海洋や資源を巡る利害関係が日本ほど切実ではありません。同時に、強大化する中国を明らかに敵に回すような対中包囲網に与することまで踏み込むことには懸念を抱いています。

　しかし2009年6月に公表された防衛白書によれば、今後オーストラリアは2030年までの20年間、中国の軍拡が続くというシナリオに基づいて、米国との同盟関係を維持しつつ、豪州が自らの防衛を強化するとして毎年3％防衛予算を増加させ、特に潜水艦に関しては現状の6隻を最新型12隻へと倍増させる計画を示しました。また第5世代の攻撃戦闘機 F-35 を約100機、新型防空駆逐艦を3隻配備し、現在東・南部に集中している基地を北・西部へ強化することにしています。2011年6月にアラスカで行われた米空軍と航空自衛隊との日米共同訓練では、7月に初めて別個にオーストラリア空軍とも戦闘機訓練を行い、また同月日米豪の3海軍（海上自衛隊）が南シナ海で演習と行いました。

　オーストラリアは、米国以外で物品役務相互提供協定（Acquisition and Cross-Servicing Agreement -ACSA-）を締結した唯一の国であり、外務

151

・防衛の両大臣が協議するいわゆる2＋2を定期的に行っています。また自衛隊はオーストラリアと、1992年からカンボジアの国際平和維持活動で、また2002年からは東チモールで、そして2004年末に生起したインド洋大津波の救援作戦で、さらには2005年からはイラクのサマーワで共に協力してきました。

　2011年4月の日豪首脳会談では情報保護協定について合意し、また6月にシンガポールで行われた日豪防衛相会談において、スミス豪防衛相からは「地域のパワー・バランスが変化しつつある中、日米豪が2国間・3国間の協力関係を発展・深化させていくことが重要である」旨の発言がありました。同時に行われた日米防衛相会談では、日本側が弾道ミサイル防衛の一環である SM-3 ブロックⅡAの米国による第3国移転について条件付きで認める旨を表明し、ゲイツ国防長官はこれを歓迎したことから、アジア・太平洋地域で唯一弾道ミサイル防衛に参画しているオーストラリアに対しても、将来 SM-3 ブロックⅡA 技術移転の道が開かれる可能性が出てきました。

　オーストラリアとは海上交通路の安全確保や弾道ミサイル防衛といった幾つかの機能に焦点を合わせた協力ができると思います。

インド

　インドは、中国のように一人っ子政策などをとってきませんでしたので、人口構成上2030年頃には中国を抜いて世界最大の人口国となり、IT 産業やソフトウエアでの高い潜在力から、経済的にも中国を凌駕する可能性を秘めています。そして地政学的に中国のカウンター・バランスとしての位置にある、英語が通じる民主国家であり、日本との関係に関しても周辺諸国との間にあるような歴史問題が存在していません。インドにとっても日本は独立を助けてくれた国であり、また対中国上も大切な国です。

　2004年12月に発生したインド洋大津波といった国境を越えた人道支援に際しては、後に解散したものの国連の主導が緒についていない立ち上がり時点の中核グループとして日、米、豪、印のコアリションが形成され[72]、後日これにカナダやオランダが加わりました。

　2007年4月には初めて日米印の三国海軍による洋上訓練（マラバール）が東京湾沖で、2009年4月には沖縄東方海域で2回目のマラバールが行わ

第 8 章　対　策

れました。また2008年10月の日印首脳会談で署名した「安全保障協力協同宣言」に基づき2009年12月の鳩山首相訪印に際しては、安全保障分野での協力に関し外務・防衛の次官級協議が定常的に実施される行動計画が合意され、定期的な陸軍協議や海上安全保障対話、士官候補生交換などを通じ緊密化を図ることになりました。安全保障分野での協力に関し外務・防衛の次官級協議が定常的に実施されるのは米国、オーストラリアに次いでのことです。

　2010年2月に太田がインドを訪問した際、国防大学の校長を始めとして多くの軍高級幹部と意見交換をしましたが、一様に中国に対する懸念を表明していました。

　しかし、インドは昔から非同盟の政策を取り独立志向で、いずれは世界大国になろうと思っており、しかも冷戦後、2005年の温家宝首相訪印による「印中戦略的・協力的パートナーシップ」の締結やその後のインドの上海協力機構へのオブザーバー参加、2007及び2008年の印中陸軍合同演習等で中国とイスラム過激派対策を行う等、インドへは中国からのアプローチの方が日米からよりも強いことからインドを日米の側に引き寄せようとして余り過大な期待を抱かないことが肝要であると思います。地球温暖化等の問題でインドは中国同様、新興国としての利害が一致しています。安倍政権が、日米豪印協力を持ちかけた時、インドは中国を刺激したくないためにそれほど大きな興味を示しませんでした。したがって、インドもオーストラリア同様、インド洋への中国の進出への懸念を共有した海上交通路の保護といった機能面に焦点を合わせた協力となるでしょう。

　核保有国であるインド、あるいは後述するロシアを我が陣営に取り込むことができれば、中国にとって戦略的な計算を複雑にさせることができます。なぜなら、中国は有事、米国だけでなく、インドやロシアに対しても核攻撃に備えなければならず、とりわけ第二撃力となる弾道ミサイル搭載原子力潜水艦を対米国のみならず、対インドやロシア用にも充当させなければならないからです[*73]。

韓　国

　韓国は、2008年の年頭に『東亜日報』が行った世論調査によると、「韓国に最も脅威となる国」の順位は①中国（40.1%）②北朝鮮（25.9%）③

米国（17.1％）④日本（11.1％）⑤ロシア（1％）となっており、中国の台頭や高句麗に関する歴史問題等で韓国人が中国に相当な警戒感を抱き始めていることがわかります。

　元来、地政学的に日本という島国と韓国という半島国家は海洋国家として共に海上交通路に国の生存と繁栄を頼っていることから協力していく素地があります。1386年のウインザー条約以来今日まで600年以上続いている、最古の同盟はポルトガル（半島国家）と英国（島国）で[74]、この同盟は、あるときは大陸のスペインと、またある時はフランスと戦ってきました。第一次大戦でイタリアが当初大陸国であるドイツ・オーストリアと結びましたが、エネルギー源の石炭を海上交通路によって入手しており、その地中海の制海権を英仏といった海洋国家が押さえていたため、大陸国との同盟から脱落して海洋国家と結びつかざるを得なくなったのと同様に、半島国家である韓国は海洋国家である日米と緊密な関係を保つことが国の生存と繁栄のために不可欠であると思われます。特に対馬海峡の東水道をコントロールする日本と、西水道の沿岸国である韓国とが緊密に連携をとっていかないと対馬海峡防備の実を達成することができません。

　2009年5月には、拡散に対する安全保障構想（Proliferation Security Initiative-PSI-）に参加する旨の表明を行い、また交流プログラムでは1980年代から自衛隊や韓国軍の学校における交換学生制度が確立されており、1990年代には艦艇の相互訪問が始まって、共同訓練も行われるようになりました。そして2000年代には東チモールで自衛隊と韓国軍が隣同士で任務を遂行するといった事態も生起していますし、2010年から始まったハイチでのPKO活動では、日韓の活動がより一体化してきました。現在では主要な自衛隊及び韓国軍の学校に、学生が交換留学しています。防衛大学校と韓国の陸・海・空士官学校の間でも長期の交換留学を相互に開始しました。

　最近ではアデン湾において、海賊対処に携わる日韓の海上部隊が、現地において有益な意見交換を実施する事例も認められており、2010年10月、韓国海軍が初めて実施したPSI（拡散に対する安全保障構想）訓練に、海上自衛隊は海外からの参加としては最も大きな規模で臨みました。これらは、グローバルな公共財としての海洋安全保障で海軍（海上自衛隊）が共に協力していこうとする現れであると思われます。

第8章 対　策

　しかし、韓国は国防省が日本との物品役務相互提供協定（Acquisition and Cross-Servicing Agreement-ACSA-）や軍事情報包括保護協定（General Security of Military Information Agreement-GSOMIA-）」の締結に積極的であるのに対し、通商外交部や一般市民は、それほど積極的でないように見受けられます。その理由として、第一に歴史的経緯から日本が好きになれない、第二に将来の統一朝鮮のことを考えると同じ民族である北朝鮮の方が親近感を持っている、第三に、日米といった西側に完全に与することは中国との経済的関係を損ねてしまうというものです。

　韓国にとって、北朝鮮問題への対処と最終的な統一という課題のためには安定的な対中関係の維持は不可欠なのでしょう。2010年10月の日韓新時代共同研究プロジェクトの報告書において、「日米韓関係の強化」と並んで「日韓中協力の強化」を打ち出しているのも、こうした背景があるものと思われます。

　また2011年3月に発生した東日本大震災の最中に、日韓で領土問題となっている竹島のヘリポート改修を開始し始めました。日韓には領土問題が存在していることから、韓国に過大な期待を寄せるのも禁物と言えましょう。

ASEAN

　1990年代の初め頃、ASEAN諸国から「中国は眠れるドラゴンで大きくなったら手に負えなくなる。日本はその眠れるドラゴンに何故せっせと餌（ODA）をあげ続けているのか？」と言った批判がありました。それから約20年にしてASEAN諸国の恐れは的中してきています。これだけ南シナ海で自己主張をしている中国を育て上げた責任の一端は日本にあり、中国に対する莫大なODAは中国側からほとんど感謝されていないことから、あの政策は一体何だったのだろうかと思わざるを得ません。「中国も日本人同様、支援すれば感謝してくれるだろう」と、即ち相手も同じ思考パターンを持っているだろうと根拠なく思いこんでいたのではないでしょうか？

　ASEANの海洋国家としては、まずインドネシアが挙げられます。2009年11月にアジア・太平洋における安全保障・協力会議主催の「アジア・太平洋安全保障への新たな挑戦」というセミナーがジャカルタで行われた際、太田が中国海軍の増強について発表すると、インドネシアから近い海南島

の海軍基地で強化されつつある中国海軍基地についての質問があり、近隣である南シナ海での中国海軍進出に、相当神経を尖らせている状況が読み取れました。また、2009年6月及び2010年5・6月にはインドネシア領ナツナ諸島の排他的経済水域で、インドネシアが中国漁船を拿捕する事案が生起しています。

　インドネシアでは、最近民主化が相当進行しているため、これまで既得権益を持っていた軍の地位が相対的に低下していますが、オバマ米大統領が幼少時代を過ごしたことから、急速に米国との関係を強化しています。その象徴的な出来事としては、2009年8月にインドネシア海軍が主催した国際観艦式に米国が空母ジョージ・ワシントンのみならず、海軍のトップである作戦部長（CNO）まで参加させたことが挙げられます。2011年5月には米海軍が ASEAN 諸国海軍と定期的に行っている「海上における即応・訓練協力（Cooperation Afloat Readiness and Training-CARAT-）」の一環として、インドネシア海軍がジャワ海において米海軍と共同訓練を実施しました＊75。

　また2011年6月にシンガポールで行われた日本とインドネシアの防衛相会談では、海洋安全保障の分野で両国が緊密に協力し、日・インドネシアの防衛協力を深化させていくことで一致、同月訪日したユドヨノ大統領も首脳会談で海上安全保障における両国の協力に関し一致しています。

　日本の海上交通路安全保障上協力が欠かせず、またインドネシアの独立に際しては日本の義勇兵が参加したことや戦後巨額の ODA を注ぎ込んできたことなどから、親日的な国です。さらにスダルソノ国防相は「日米同盟はアジア太平洋の公共財である」という持論を展開しています。この趣旨の発言はシンガポールの政府高官も公にしています。

　その他の ASEAN 海洋国家としては、既述のようにヴェトナムやマレーシア、それに2011年6月に資源調査船の活動を妨害されたフィリピンといった国々が中国と多くの海洋権益に関する衝突を発生させています。特にヴェトナムは2010年にロシアからキロ級潜水艦を6隻購入して中国に対抗しようとしています。太田が在米国防武官であった1998年、ヴェトナムの国防武官からの訪問を受け、彼が米軍の基地を国内に誘致した場合の問題点を根掘り葉掘り聞いていたことがありました。その頃から、ヴェトナムはかつてソ連にカムラン湾を使用させていたように米海軍の基地を誘致

することを検討しているのかも知れません。2011年6月にヴェトナム探査船のケーブルが中国監視船に切断された直後にシンガポールで行われた日本とヴェトナムの防衛相会談で、ヴェトナムのタイン大臣に2011年中の早期訪日を実現し、両国の防衛協力を深化させていくことで一致しています。

シンガポールには米海軍の沿岸域戦闘艦（Littoral Combat Ship-LCS-）を配備することが2011年6月に発表されました。

概して中国の海洋進出に対抗するという点ではこれらの諸国とは国益が一致するのではないでしょうか。ただ海軍力として、ASEAN諸国は限りがあり、過大な期待をよせることはできません。

欧州ほか

欧州とは、中国が嫌がる人権問題で連携し、グローバルな世論を盛り上げていくことが可能です。特に天安門事件以来中国に課している武器禁輸を解除して貰いたくありません。

現在、中国が輸入している最新鋭の兵器は、そのほとんどがロシア製ですが、ロシアは直接の脅威となる可能性が低いインドに対しては第一級品を輸出しているものの、国境を接して将来脅威となる可能性がある中国に対しては第二級品を輸出してきました。しかし、もし欧州諸国が中国に対する武器禁輸を解除すれば、ロシアは欧州諸国と競争するために第一級品を中国に輸出することになるでしょう。そうすれば中国に対して唯一優っている技術力の優位も次第に狭められることになってしまうからです。

一昔前まで欧州諸国は、日本にとって関心こそあるものの直接協力するといった事象は想像できませんでした。しかしイラク復興支援活動等では、イギリス軍が担当する南東部において、同じサマーワに宿営地を有するオランダ軍部隊と緊密な連携をとり、アラビア海の洋上給油活動においてもNATO諸国の海軍艦艇にも給油して直接協力することとなり、さらに海賊対処でも護衛艦やP-3Cを派遣したため、欧州諸国と直接的協力ができるようになりました。

欧州ではありませんが、カナダはNATO加盟国として、また太平洋に面した海洋国家として、中国に海洋の国際規範を守らせることに関して協力できるように思われます。カナダとも次官級の2＋2が2011年8月に第1

回協議が東京で行われ、協力項目として「海洋の安全保障」が挙げられています*76。この準備会合が2011年3月にオタワで行われ、太田が「海上安全保障と海上交通路の保護」に関して発表、カナダ側からも国際法・規範についてのプレゼンテーションがなされました。

　最後に海洋国家ではなく民主国家とも言い難いロシアですが、同じ上海条約機構の一員とは言え、最近ではロシア製兵器をコピーして安く第三国に転売している中国に不満を強めており、かつ人口が希薄化しているシベリア地域に中国人を送り込んで資源を漁り、また軍拡著しい中国に対して警戒心を増大させて中国離れの傾向があることから*77、今後連携していく余地があるものと推察されます。2011年6月にフィリピン東方海域に進出した11隻の中国艦隊にロシア海軍艦艇が偵察、それに対して中国の艦載ヘリコプターが接近・周回の威嚇行動を行いましたが、戦略的パートナーシップである国同士がこのようなことをするでしょうか？　太田は2011年7月にモンゴルに出張しましたが、在モンゴルの城所日本大使が「中露間は、実際には非常に仲が悪い」と語っていたことが印象的でした。

　ロシアと中国の間にあるモンゴルについては、1990年代初期に民主化した後の経済的に厳しかった時、日本が最も経済援助をしたことから親日的な国であり、今回の東日本大震災に際してもバットボルド首相が公務員に1日分の給与を提供するように呼びかけ、総額約1億5000万円の義捐金が

モンゴルのボルド国防大臣と太田。右は国防大学校長（2011年7月国会議事堂にて）

第 8 章　対　策

集まりました。モンゴルはジンギスカンの蒙古帝国崩壊後16世紀頃からは清の支配下に、1911年には独立しましたが中露の密約により1915年のキャフタ会議で中国軍閥が占拠、1921年からはロシアの衛星国となりました。この歴史からモンゴルは中露の仲が良いときには自国の安全保障が危うくなることを経験しているため、上海条約機構には加盟していません。また中国（清朝及び軍閥占拠時代）による圧政と、現在でも中国人はモンゴル国内で多くの犯罪を起こしていることから、モンゴル人の9割方は中国人を嫌っています。モンゴルの国旗は南北の侵略をブロックするための情報力を象徴しており、将来、安全保障分野でも協力していける素地があるように思われます。2011年7月に太田はモンゴルでボルド国防大臣と会談し、中国に対する懸念を共有しました。

　以上の、自助努力（ユニラテラル）、米国との共同（バイラテラル）、他の海洋国家・民主国家群との協力（マルチラテラル）という多層の努力の相乗によって効果的な対策がとれるものと思われます。
　中国は、これまでの一人っ子政策が効いて約20年後には、社会保障費の増大から、経済の減速が中国共産党の正当性に疑問を投げかけ、現在の日本同様、国防費への投資が減っていくでしょう。また易姓革命の中国における歴代の王朝が衰退していった経緯は、権力者達が既得権益に胡座をかいて腐敗し汚職を重ね、社会格差が広がって各地で暴動が起こり王朝が倒れていくのが常であり、現在各地方で毎日のように起こっている格差・雇用不安・機会不均等・民族問題に起因する暴動、そして共産党員の汚職からして「共産党王朝」が衰退していくのも時間の問題であり、それまで上記対策のシナジー効果によって何とか持ちこたえることができれば、と思っています。
　これまで、世界のリーダー的存在となった国は、島国や半島国家といった海洋国家で、かつ自由や民主主義のように諸外国を魅了するような理念を持っていました。こうした前例からすれば、中国は世界のリーダーにはなり得ないと考えられます。

＊1　Vitaliy O. Pradun, From Bottle Rockets to Lightning Bolts, *Naval War College Review Volume 64, Number 2*, Spring 2011, p.25.

* 2 *Ibid.* p.27.
* 3 Scobell and Wortzel, eds., *China's Growing Military Power*, p.97.
* 4 Vitaliy O. Pradun, From Bottle Rockets to Lightning Bolts, *Naval War College Review Volume 64, Number 2*, Spring 2011, pp.23, 28.
* 5 *Ibid.*
* 6 *Ibid.* p.25.
* 7 *Ibid.* p.27.
* 8 Andrew S. Erickson, Lyle J. Goldstein, and William S. Murray, *Chinese Mine Warfare*, U.S. Naval War College, June 2009, pp.46,47,57,58.
* 9 陶爱月, "日本水雷战舰艇纵览", 舰船知识, no. 312, September 2005, pp. 44-47; 傅金祝, "数量最多, 更新最快: 日本海上自卫队的反水雷实力", 舰船知识, no. 312,September 2005, pp.48-49; 侯建军, "挑战智能水雷的 570 吨级新型猎扫雷艇", 舰船知识, no. 312, September 2005, pp. 50-51; 傅金祝, "体现反水雷装备发展方向的日本新型 S-10 猎雷具", 舰船知识, no. 312,September 2005, pp. 52-53.
* 10 島田正登（自衛隊指揮通信システム隊司令）、「C4SC」―サイバー部隊創設にむけて―『波濤』2011年3月（通巻第213号）、20頁。
* 11 Kevin Coleman, *Cyber Threat Matrix*, Defense Tech.org web page, December 2007, http://www.defensetech.org/archives/2007_12.html
* 12 防衛省、『平成22年版日本の防衛』、54及び390頁。
* 13 Richard Fisher, *China's Military Modernization, Building for Regional and Global Influence*, 2008.p.232
* 14 「殲10」大量配備」、『産経新聞』平成19年1月22日
* 15 小谷賢『イギリスの情報外交』（PHP 新書、2004年11月）。
* 16 小谷賢編『世界のインテリジェンス』（PHP 研究所、2007年12月）
* 17 防衛省防衛研究所編『中国安全保障レポート』平成23年3月、27頁。
* 18 松田康博「中国の軍事外交試論―対外戦略における意図の解明―」『防衛研究所紀要』第8巻第1号、2005年10月、5～6頁。
* 19 Paul Krugman, Rare and Foolish, *The New York Times*, October 17, 2010, A35.
* 20 防衛省防衛研究所編『中国安全保障レポート』平成23年3月、12頁。
* 21 Office of the Secretary of Defense, *Annual Report to Congress, Military and Security Developments Involving the People's Republic of China 2010*, p.34.
* 22 英国の外交官、ロバート・クーパーが、一人当たり GDP が1万ドル以上で体制自由度の高い民主主義国家群の圏域では、相互依存関係が強くなり領域の拡張を求めず、国家主権が相対化されてグローバル化の傾向があるとした理論。田中明彦著『新しい中世』（日本経済新聞社、1996年）参照。
* 23 The U.S. Navy, Marine, Coast Guard, *A Cooperative Strategy for 21st Century Seapower*, October 2007, p.9
* 24 U.S. Success will depend heavily on Japan's active participation as an ally.
* 25 John Pomfret, 'In Chinese Admiral's outburst, a lingering distrust of U.S.', *Washington Post*, June 8, 2010.
* 26 *Chairman of the Joint Chiefs of Staff, The National Military Strategy of the United States of America*, February 2011.

第8章　対　策

* 27 Center for Strategy and Budgetary Assessments. *AirSea Battle*, May 2010
* 28 *Ibid*. p.xii.
* 29 *Ibid*.p.95.
* 30 *Ibid*. p.xv.
* 31 Department of Defense, *Quadrennial Defense Review Report*, February 2010, pp. 32-33.
* 32 http://armed-services.senate.gov/statemnt/2011/06%20June/Panetta%2006-09-11.pdf 2011年6月アクセス
* 33 Center for Strategic and Budgetary Assessments, *AirSea Battle*, May 2010, xiii.
* 34 「安全保障の法的基盤の再構築に関する懇談会」報告書（平成20年6月24日）第4部1項(1)。
* 35 同上、第4部1項(2)。
* 36 Michael Finnegan, "Managing Unmet Expectations in the U.S.-Japan Alliance," *NBR Special Report*, #17, The National Bureau of Asian Research, November 2009, p.3.
* 37 *Ibid*., p.23.
* 38 *Ibid*.
* 39 *Ibid*. p.25.
* 40 *Ibid*., p.26.
* 41 防衛関係費は、SACO関係経費と米軍再編関係費のうちの地元負担軽減分を除き、平成14年度には4.9392兆円だったものが、平成22年度には4.6826兆円となり、8年連続のマイナスとなった（防衛省『日本の防衛』平成22年度版、144頁）。更に、平成23年度予算でも4.6625兆円で前年比201億円の減となっている。
* 42 西村熊雄『安全保障条約論』時事通信社、1959年、129頁。
* 43 同上、40頁。
* 44 同上。
* 45 坂元一哉『日米同盟の絆』有斐閣、2000年、170頁。
* 46 同上、250頁。
* 47 上村伸一『相互協力安全保障条約の解説』時事通信社、1965年、56頁。
* 48 佐瀬昌盛「『対等な同盟』論に欠けるもの」『産経新聞』、2009.12.16付や「政権こそ安保50年の意味を学べ」『産経新聞』、2010.2.9付等。
* 49 東郷文彦『日米外交三十年』中公文庫、1989年、99頁。
* 50 上村伸一『相互協力安全保障条約の解説』、47〜48頁。
* 51 同上、48頁。
* 52 北大西洋条約では、「ヨーロッパ又は北アメリカにおける1又は2以上の締約国に対する武力攻撃」（第5条）である。
* 53 大韓民国との間の相互防衛条約では、「何れかの締約国に対する太平洋地域における武力攻撃」（第3条）である。またフィリピン共和国との相互防衛条約では、「太平洋地域におけるいずれか一方の締約国に対する武力攻撃」（第4条）である。
* 54 Office of the Secretary of Defense, *Ballistic Missile Defense Review Report, 2010*, p.32.
* 55 上村伸一『相互協力安全保障条約の解説』、43頁。

* 56 同上。
* 57 上村伸一『相互協力安全保障条約の解説』、31頁。
* 58 自衛隊の出動範囲や持ちうる機能が固定的に限定されているわけではない。例えば自滅して単に死を待つ以外に方法がない場合に外国にある敵の基地を攻撃することはあり得る。(上村伸一『相互協力安全保障条約の解説』、47頁。)
* 59 1956年2月、衆議院内閣委員会での「座して自滅を待つことが憲法の趣旨ではない。誘導弾等による攻撃を防御するのに、他に手段がない場合、誘導弾等の基地を叩くことは、法理的には自衛の範囲に含まれる」趣旨の答弁があり、これが政府見解となっている。
* 60 Jan van Tol, *AirSea Battle*, p.96.
* 61 「無人機(UAV)の汎用化に伴う防衛機器産業への影響調査報告書」平成17年度日本機械工業連合会報告書、日本戦略研究フォーラム、2006年、2頁。
http://www.jmf.or.jp/japanese/houkokusho/kensaku/pdf/2006/17kodoka_05.pdf
* 62 Andrew F. Krepinevich, *Why AirSea Battle?*, p.9-10.
* 63 Jan van Tol, *AirSea Battle*, p.51.
* 64 *Ibid*., p.96.
* 65 *Ibid*., p.xv.
* 66 *Ibid*., p.92.
* 67 The Information Office of China's State Council, *China's National Defense in 2010*, 31 March, 2011, Dialogues and Cooperation on Maritime Security.
* 68 Toshi Yoshihara and James R. Holmes, *Red Star over the Pacific*, Naval Institute Press, 2010, p63.
* 69 Department of Defense, *Quadrennial Defense Review Report*, February 2010.
* 70 Toshi Yoshihara and James R. Holmes, *Red Star over the Pacific*, Naval Institute Press, 2010, p.115.
* 71 Robert B. Zoellick, "A Republican Foreign Policy", *Foreign Affairs of January/February 2000*, pp.74-75.
* 72 Bill Sammon, "Bush organized aid coalition", *Washington Times*, December 30, 2004, front page.
* 73 Toshi Yoshihara and James R. Holmes, *Red Star over the Pacific*, Naval Institute Press, 2010, p.144.
* 74 ケント・カルダー『日米同盟の静かなる危機』(ウエッジ、2008年11月) 150〜151頁。
* 75 The Jakarta Post [web site],May 28, 2011
* 76 The Prime Ministers of Canada and Japan, *Canada-Japan Joint Declaration on Political, Peace and Security Cooperation, Ensuring Flexible and Practical Cooperation* の(vii)に Maritime Security.
* 77 兵藤慎治、秋本茂樹、山添博史「ロシアの国家安全保障戦略―ロシア経済、対中関係から―」『防衛研究所紀要』第13巻、第3号、2011年3月。

おわりに

　2010年9月の尖閣列島沖で海上保安庁の船舶に中国漁船が体当たりした直後に、本書の執筆を開始しましたが、その後2011年3月11日に東日本大震災が起こり、日本人の多くの関心が、震災とそれに引き続く福島第一原子力発電所の事故に集中してしまいました。

　しかし、その間にも冒頭にも書きましたように「中国が釣魚島（尖閣諸島の中国名）を奪回するには、コストとリスクを最小限にしなくてはならず、今が中国にとって絶好のチャンスだ」との主張が香港紙・東方日報の19日の論評でなされ、我が国領空近くまで中国軍用機が接近、航空機は東シナ海で国際的に近接して良い限度を超えて海上自衛隊艦艇に接近しています。

　仮に、震災と原子力発電所の事故と同時に、中国が尖閣列島に侵攻を試みるといった複合の危機が発生した場合、自衛隊員総数の約半分である10万人の自衛隊員を震災の復旧に投入していた日本は有効な対応をとることができたでしょうか？

　また仮に中国がそのようなことを試みようとしたとしても、そうさせなかった最大の抑止力は、「ともだち作戦」によって示された自衛隊と米軍による緊密な共同行動であり、尖閣列島に手を出したら、米国も相手にしなければならなくなると考えたからではないでしょうか。

　米軍も震災に際しての支援に対し、最初は半信半疑でした。しかし自衛隊が、身をもって真剣かつ全力で災害派遣を行うのを目の当たりにして、本気になって支援し始めたのです。

　このことは、中国の海洋進出全体についても同様に言えることであるように思われます。まずは自助努力、それが真剣かつ我が身を犠牲にしてやることが判れば米軍も真剣になって同盟国と共に戦う意思を鮮明にすることでしょうが、中途半端な対応では、誰が自国民の血を流してまで支援してくれるでしょうか。第8章で紹介したAirSea Battleは「日本の積極的

な協力なしでは実現できない」としていますが、この協力は、生半可な対応では実現不可能であり、集団的自衛権の解釈変更を始めとして抜本的な防衛政策の見直しが必要とされるように思われます。
　2011年5月になって、米国の上院軍事委員会のレビン委員長等が普天間基地の移転先を嘉手納とし、嘉手納の空軍をグアム島に移転させる計画を発表しましたが、嘉手納の米空軍がグアムに移転してしまうことになればAirSea Battle構想は成り立ちづらく*1、沖縄の住民は基地負担が軽減されるかもしれませんが、日本の安全保障に関しては「アメリカは日本を見捨てた」という印象が拭えません。これは、普天間の移設問題を一向に解決できず、また嘉手納空軍基地等の抗堪化を図る努力を日本側が怠っているため、即ち「自助努力をしない国からは、米国は引き上げる」をいうメッセージを伝えたかったように思われます。中国のミサイル脅威に晒されている嘉手納よりはグアムに移転した方が安全であり、その方が日本を支援するよりは重要だと判断したためかもしれません。
　1906年米国カリフォルニア州の大地震に際し、日本は身を挺して救済支援を行ったことから、1923年の関東大震災に際しては、米国が逆に日本に大規模な支援の手を差し伸べてくれました。この状況は、今日「ともだち作戦」を実施してくれた米軍に対する日本国民の感謝ムードに類似しており、当時米国に対する親近感が芽生え、日米関係も友好的な雰囲気になったと言われています。しかし政治の世界は、そうしたムードに左右されることなく、翌1924年には米議会で排日移民法が成立し、日米戦争の遠因が作られたことは御承知の通りです。
　「ともだち作戦」の米軍の好意に甘え、日米関係は安泰だとムードに流されて「生き物」である同盟関係の強化を、政治が怠らないことを期待したいものです。

*1 AirSea Battle の執筆者 Andrew Krepinevich に2011年5月、太田が問い合わせたところ「AirSea Battle 構想を実行する統合能力は損なわれる(detract)」と回答した。

著者

太田　文雄（おおた　ふみお）

昭和23年東京生まれ。昭和45年防衛大学校卒（14期）。昭和55年～57年米海軍兵学校交換教官。平成4年スタンフォード大学国際安全保障・軍備管理研究所客員研究員。平成5年～6年米国防大学学生。平成8年から約3年間、在米日本大使館国防武官。平成13年から17年まで防衛庁情報本部長。平成15年ジョンズ・ホプキンズ大学高等国際問題研究大学院にて国際関係論博士号取得。平成17年退官（元海将）。現在防衛大学校国際教育研究官兼政策研究大学院大学連携教授。
著書：『「情報」と国家戦略』『日本人は戦略・情報に疎いのか』『同盟国としての米国』『国際情勢と安全保障政策』（以上、芙蓉書房出版）、The US-Japan Alliance in the 21st Century（Global Oriental社、2006年）

吉田　真（よしだ　まこと）

昭和32年千葉県生まれ。昭和55年防衛大学校卒（24期）。平成2年から筑波大学大学院。平成5年海幕長副官。護衛艦副長、海幕運用課等を経て平成10年護衛艦艦長。平成11年海上自衛隊幹部候補生学校主任教官。平成12年アジア太平洋安全保障センター、防衛研究所。平成13年海幕運用班長兼運用局運用課・総務省出向・総務事務官・大臣官房管理室。平成14年海上自衛隊幹部学校研究部アジア太平洋研究室長、主任研究開発官、第1研究室長を経て、平成19年から防衛大学校教授。
論文：「エアーシーバトルコンセプトに伴う相互防衛性の拡がりと制約」（『防衛大学校紀要』、2011年）「中国の軍事力増強と無形分野の戦争：尖閣諸島をめぐる既成事実化に着目して」（『安全保障と危機管理』、2010年）等。

中国の海洋戦略にどう対処すべきか

2011年8月15日　第1刷発行

著　者
太田文雄・吉田　真

発行所
㈱芙蓉書房出版
（代表　平澤公裕）
〒113-0033東京都文京区本郷3-3-13
TEL 03-3813-4466　FAX 03-3813-4615
http://www.fuyoshobo.co.jp

印刷・製本／モリモト印刷

ISBN978-4-8295-0536-6

芙蓉書房出版の本

危機管理の理論と実践
加藤直樹・太田文雄著　本体 1,800円

朝鮮半島情勢、中国の海洋進出、テロ、災害……。さまざまな危機をどう予知し、どう対処するか？　「人間の安全保障」という戦略を実現するための戦術としての"危機管理"を理論と実践の両面から検証する。

教科書 日本の防衛政策
田村重信・佐藤正久編著　本体 2,500円

安全保障に関する正しい知識、日本の防衛政策の全体像をわかりやすく、体系的に整理した決定版教科書。『教科書 日本の安全保障』（2004年）を最新の情勢をふまえて全面改訂。

国際情勢と安全保障政策
『インテリジェンスと国際情勢分析』三訂増補版
太田文雄著　本体 1,900円

日米ともに政権交代し、安全保障政策はどう変わるのか？　好評のロングセラー本を、中国・北朝鮮関連の最新情勢をふまえて全面改稿した決定版。

同盟国としての米国
太田文雄著　本体 1,800円

"同盟は生き物であり、普段の相互努力によって継続可能となる"在米経験豊富な著者が日米同盟の内実を明らかにし、今後のあり方を展望する。日本の世論調査で日米関係を「良好」とする人が過去最低となり、米国でも日本より中国への関心が高い状況のなか、改めて日米同盟の歴史をたどり、これからどうしていかなければならないかを示す

日本人は戦略・情報に疎いのか
太田文雄著　本体 1,800円

日露戦争の戦勝によって生じた傲慢さのために日本人の戦略・情報観は歪められた。本来日本人が持っていた戦略・情報・倫理観を古事記・戦国時代にまで遡って説き明かす。

平和の地政学
アメリカの大戦略の原点
ニコラス・スパイクマン著　奥山真司訳　本体 1,900円

第二次世界大戦中に書かれた地政学・戦略学の貴重な古典！　戦後から現在までのアメリカの国家戦略を決定的にしたスパイクマンの名著の完訳版。ユーラシア大陸の沿岸部を重視する「リムランド論」を提唱するスパイクマン理論のエッセンスが凝縮された一冊。原著地図51枚完全収録。

芙蓉書房出版の本

「戦略」の強化書
西村繁樹編著　本体 3,500円

読むだけで初歩的な戦略的思考が身に付く入門書。孫子・クラウゼヴィッツから毛沢東までの代表的な戦略理論から、冷戦期の戦略、21世紀の戦略までを人物別・機能別に13テーマにまとめた。

戦略の格言
戦略家のための40の議論
コリン・グレイ著　奥山真司訳　本体 2,600円

"現代の三大戦略思想家"といわれるコリン・グレイ教授が、西洋の軍事戦略論のエッセンスを簡潔にまとめた話題の書。戦争の本質、戦争と平和の関係、戦略の実行、軍事力と戦闘、世界政治の本質など40の格言を使って解説。

アメリカ海兵隊のドクトリン
北村　淳・北村愛子編著　本体 1,900円

日本人のほとんどが本質的に理解していない米国海兵隊の「根本哲学・理念、行動の基本原則」を示した WARFIGHTING が初めて日本語訳に！『第2部　米国海兵隊入門』では、米国海兵隊の基本的知識をコンパクトに解説！

暗黒大陸 中国の真実【普及版】
ラルフ・タウンゼント著　田中秀雄・先田賢紀智訳　本体 1,800円

戦前の日本の行動を敢然と弁護し続け、真珠湾攻撃後には、反米活動の罪で投獄された元上海・福州副領事が赤裸々に描いた中国の真実。なぜ「反日」に走るのか？　その原点が描かれた本。ルーズベルト政権の極東政策への強烈な批判になることを恐れず言論活動を展開したタウンゼントの主張は、70年以上を経た現代でも、中国および中国人を理解するために参考になる。

中国の戦争宣伝の内幕
日中戦争の真実
フレデリック・ヴィンセント・ウイリアムズ著　田中秀雄訳　本体 1,600円

『暗黒大陸中国の真実』に続く"知られざる資料"を発見！ Behind the news in China（1938年）の初めての全訳。　日中戦争前後の中国、満洲、日本を取材した米人ジャーナリストが見た中国と中国人の実像。宣伝工作に巧みな蒋介石軍に対し、いかにも宣伝下手な日本人。アメリカに対するプロパガンダ作戦の巧妙さ。日米関係の悪化を懸念しながら発言を続けたウイリアムズが、「宣伝」「プロパガンダ」の視点で日中戦争の真実を伝える。